JN303964

景観学研究叢書
中村良夫＋篠原修 監修

鉄道と煉瓦
その歴史とデザイン

小野田滋 著

鹿島出版会

景観学の森へようこそ

　1960年代の末から次第に盛り上がってきた景観への関心が，やがて研究とデザインの両面において，華を咲かせるようになったのは喜ばしい。だがその一方で，学会の論文集の賑わいを見ながら疑問もわいてきた。過去の研究成果を踏まえない，流行にのった底の浅い論文は論外としても，いったい，多岐にわたる複雑な現象のゆたかな記述の中に大事な知恵が隠されている景観の研究において，現象の奥の普遍法則を要約的に追求し，数ページにまとめる自然科学の流儀を鵜呑みにしてその意を尽くせるのであろうか。更にいえば，この著述形式そのものが柔らかな思考を統制し，景観を見る目を曇らせはしないだろうか。

　もとより現象の表情とその価値に注目する景観研究においても，その奥にかくれた法則発見は大事である。だが，法則定立が意味創造ときりはなせない景観研究の知的両義性をおもえば，言葉や表現形式それ自体を方法と考える学問の文体があるのではないか。それゆえ，博士論文級の息のながい景観研究においては現象要約的な短い論文ばかりでなく，言葉をつくした成書の発刊へとそれを結晶させたい，とかねてから考えていた。

　しかも，そのような高い達成は個人の創造力によるしかないから，その著書もまた単著であることが望ましい。しかるに，おびただしい研究集会，執筆依頼，安易な分担執筆に分断された最近の研究者は，細切れの思索の山を築いて仕事をやったと勘違いしてしまう。こういう危うい傾向から新しい学問を救いだしたい。多くの研究者との交流が望ましいのはもちろんだが，それも一方で厳しい知的孤独があったればこそではないか。単著の望まれる所以である。個人の全責任において，みずみずしい展望をひらく苦悩と気迫こそ若い研究者の原体験を築くばかりか，デザインの実務家にも大きな刺激とイマジネーションを与えるにちがいない。

　この叢書に収録した著作は，すべて博士論文の経験を踏まえながら話題をひろげ，読みやすく編集しなおしたものである。いやしくも博士論文と呼ばれる程の研究においては，その課題について指導教官を指導できる水準に達していなくてはならない。それだけの学問的水準と矜持を示しえた達成を選んで広く世に問うことにした。

この叢書に収められた各巻は，その話題においてもまた方法においてもまちまちである。読者におかれては，一見ばらばらなこの課題と方法の多様性をむしろ是として欲しい。解答もさることながら，独創的な問題の発見が尊ばれる景観の研究においては，定式化が研究者によってまちまちになるのはうなずけるし，問題に即して決められるべき方法がまちまちになるのも至極もっともだ。少なくとも博士研究においては，課題や方法の選択について学界による無意識の縄張りや知的統制から自由でありたい。

　つまるところ，この叢書は多彩な問題と方法がせめぎあう空間知のアトリエであり祝祭の場である。あるいは，一本一本の樹形も大きさもまちまちな緑の集合体が，全体として鬱々たる森としてのたたずまいを見せるのに似ているだろう。

　言葉が文化の心であるなら，国土と都市は一国の文化の身体である。その景観について関心を寄せるあらゆる人々にこの叢書を捧げたいと思う。

2002年5月

中 村 良 夫

連帯の学 景観学をめざして

　3，4年前のある日のこと，麗らかな日差しの中で中国史学の泰斗・宮崎市定の『自跋集―東洋史学七十年―』（岩波書店）をぼんやりと読んでいると，ある箇所でハッと頭が覚めた。そこには宮崎が後進の若き学徒のために博士論文出版の労をとり，それが学界にも良い結果をもたらしたと書かれていた。ハッとしたのは日頃の忙しさにとりまぎれて意識下に沈んでいった長年の思いが覚醒されたからである。その長年の思いとは，景観の博士論文は可能なら出版して社会に公表した方がよい，という思いである。

　有り体に言うと博士論文というものは，審査員を例外として誰も読まない。また，その成果を公表すべく，せっかく苦労してまとめ上げた論文をページ数制限から再び細切れにして，載せてもらった学会論文も専門を同じくする一部の研究者以外には誰も読まない。読まない，読めないということは，社会的には，ないに等しいということを意味する。我々の生活から遠い数学や物理学といった純粋理学ならそれでよいのかもしれない。しかし景観学は違う。都市や国土の景観のなかで暮らす市民にも，またその景観形成に責任を持つ都市計画家や建築家，土木技術者などの専門家，さらには政治家にも読んでもらいたい。市民やこれらの専門家，政治家の理解と協力なくしては地域の，あるいは一国の景観の行く末に未来はないからである。

　自身のことを振り返ってみると，いささか薹が立っていたけれど1980年に博士論文を仕上げ，幸運にも中村良夫さんに出版のチャンスを与えられて，論文をもとに『土木景観計画』（技報堂出版）という本を執筆し，1982年に出版した。これは僕にとってはもちろんのこと景観界にも土木界にも，また社会にも良いことだった。専門書であるとはいえ，社会に向けて書くということは，景観に関連する他分野の専門家（半素人）や市民（素人）にわかるように書かねばならぬということで，論理を再構築する，平易に書く，自己の研究を客観視する等，多方面からの知的訓練になるのである。また，本を読んでくれた専門を異にする専門家や実務家のコメント，批評は研究の励みになり，より一層の思考の深化を執筆者に要求する。一方，社会の方は日常に親しい景観の新しい読み方を知り，また，その文化的な大切さを再認識する縁を得るのである。

そして，これは中村良夫の『風景学入門』（中央公論新社）を念頭に置いてのことだが，これらの専門を異にする専門家や実務家，あるいは市民の評価は，景観という学問の存在を，土木，建築，都市，造園，地理，歴史等の諸分野に認知させることにつながり，さらにはその学問を慕って門をたたく有意な若者を生み出し，更なる発展の礎となるのである。

　研究の成果を出版という，誰もが手にとることのできる形で社会に還元し，その社会の批評・評価が研究者を励まし，育てる。このような良い循環が次第に知的蓄積の厚みとなって現れ，それが後世への一種の文化遺産となって残る。

　これが中村良夫と僕が描く「景観学研究叢書」のシナリオである。後は誰が出版の任を引き受けてくれるかである。この度，鹿島出版会の英断により我々のシナリオが現実のものとなった。記して感謝するとともに，叢書執筆陣の奮起を期待してやまない。

2002年5月

篠原　修

鉄道と煉瓦
その歴史とデザイン

目　次

序　章 ··· *15*

第1章　煉瓦の導入と展開 ·· *19*

- 1.1　はじめに ·· *19*
- 1.2　鉄道工事と煉瓦 ·· *20*
  - 1.2.1　煉瓦の導入と国産化 ······································ *20*
  - 1.2.2　初期の鉄道工事と煉瓦の導入 ······························ *22*
  - 1.2.3　鉄道網の発達と煉瓦の広がり ······························ *26*
- 1.3　鉄道用煉瓦における規格の変遷 ·································· *30*
  - 1.3.1　初期の規格 ·· *30*
  - 1.3.2　新永間市街線建設と「高架鉄道用並形煉化石仕様書」·········· *30*
  - 1.3.3　鉄道国有化以前におけるその他の規格 ······················ *32*
  - 1.3.4　「並形煉化石仕様書並検査方法」の制定 ···················· *32*
  - 1.3.5　「土工其ノ他工事示方書標準」の制定 ······················ *33*
  - 1.3.6　JESの制定 ·· *34*
- 1.4　まとめ ·· *35*

第2章　煉瓦の寸法と組積法 ·· *39*

- 2.1　はじめに ·· *39*
- 2.2　煉瓦の寸法 ·· *40*
  - 2.2.1　煉瓦の形 ·· *40*
  - 2.2.2　煉瓦寸法の分類 ·· *42*
- 2.3　煉瓦の基本的組積法とその適用条件 ······························ *51*
  - 2.3.1　煉瓦の組積法 ·· *51*
  - 2.3.2　構造物と組積法の適用条件 ································ *57*

2.3.3　コーナーの仕上げ ……………………………………………… *59*
　2.4　ディテールに見られる煉瓦積み ………………………………………… *64*
　　　2.4.1　ディテールとその煉瓦積み ……………………………………… *64*
　　　2.4.2　迫持の積み方 ……………………………………………………… *65*
　　　2.4.3　竪積みの技法 ……………………………………………………… *67*
　　　2.4.4　1段のみのフランス積み ………………………………………… *68*
　　　2.4.5　装飾帯の技法 ……………………………………………………… *70*
　　　2.4.6　スプリングラインの装飾帯 ……………………………………… *72*
　　　2.4.7　矢筈積みの技法 …………………………………………………… *74*
　2.5　まとめ ……………………………………………………………………… *74*

第3章　煉瓦構造物のデザイン …………………………………… *79*

　3.1　はじめに …………………………………………………………………… *79*
　3.2　トンネル …………………………………………………………………… *80*
　　　3.2.1　トンネルの特徴 …………………………………………………… *80*
　　　3.2.2　トンネルのデザイン ……………………………………………… *81*
　　　3.2.3　トンネルのデザイン思想 ………………………………………… *88*
　3.3　アーチ橋 …………………………………………………………………… *91*
　　　3.3.1　アーチ橋の特徴 …………………………………………………… *91*
　　　3.3.2　アーチ橋のデザイン ……………………………………………… *92*
　　　3.3.3　アーチ橋のデザイン思想 ………………………………………… *100*
　3.4　橋梁下部構造 ……………………………………………………………… *100*
　　　3.4.1　橋梁下部構造の特徴 ……………………………………………… *100*
　　　3.4.2　橋梁下部構造における標準設計 ………………………………… *102*
　　　3.4.3　橋台におけるデザインの特徴 …………………………………… *103*
　　　3.4.4　橋脚におけるデザインの特徴 …………………………………… *105*
　　　3.4.5　橋梁下部構造のデザイン思想 …………………………………… *107*
　3.5　まとめ ……………………………………………………………………… *109*

第4章　特殊な煉瓦構造 ……………………………………………… *113*

- **4.1**　はじめに ……………………………………………………… *113*
- **4.2**　"ねじりまんぽ"の技法 ……………………………………… *114*
  - 4.2.1　"まんぽ"の語源と"ねじりまんぽ" ………………… *114*
  - 4.2.2　"ねじりまんぽ"の分布 ………………………………… *115*
  - 4.2.3　"ねじりまんぽ"の技法 ………………………………… *119*
  - 4.2.4　"ねじりまんぽ"と斜めアーチ橋の施工条件 ………… *124*
  - 4.2.5　"ねじりまんぽ"の起源 ………………………………… *128*
- **4.3**　"下駄っ歯"の技法 …………………………………………… *130*
  - 4.3.1　"下駄っ歯"に関する従来の説 ………………………… *130*
  - 4.3.2　"下駄っ歯"による構造物の分布とその沿革 ………… *131*
  - 4.3.3　"下駄っ歯"構造の考察 ………………………………… *135*
  - 4.3.4　複線化された"下駄っ歯"構造とその解釈 …………… *139*
  - 4.3.5　"下駄っ歯"の導入過程 ………………………………… *141*
- **4.4**　まとめ ………………………………………………………… *142*

第5章　煉瓦と石材 ……………………………………………………… *147*

- **5.1**　はじめに ……………………………………………………… *147*
- **5.2**　初期の鉄道工事における石材の沿革 ……………………… *148*
- **5.3**　煉瓦と石材の分布 …………………………………………… *151*
- **5.4**　石材の技術基準 ……………………………………………… *153*
- **5.5**　石材の積み方 ………………………………………………… *154*
- **5.6**　石材の仕上げと技法 ………………………………………… *157*
  - 5.6.1　表面の仕上げ ……………………………………………… *157*
  - 5.6.2　空積みと練積み …………………………………………… *158*
  - 5.6.3　梁部材としての適用 ……………………………………… *160*
  - 5.6.4　アーチへの適用 …………………………………………… *160*
- **5.7**　まとめ ………………………………………………………… *161*

第6章　煉瓦構造物の衰退 …… 165

- 6.1　はじめに …… 165
- 6.2　鉄道におけるコンクリート系材料の導入過程 …… 166
  - 6.2.1　初期の鉄道工事とセメント …… 166
  - 6.2.2　コンクリート構造物の導入 …… 168
  - 6.2.3　鉄道分野における初期の鉄筋コンクリート造建築 …… 170
- 6.3　セメント，コンクリートに関する技術基準の変遷 …… 171
  - 6.3.1　セメントに関する初期の品質管理基準 …… 171
  - 6.3.2　鉄道用コンクリート構造物に関する初期の設計標準 …… 172
  - 6.3.3　鉄道用コンクリートに関する設計標準の整備 …… 173
- 6.4　煉瓦からコンクリートへ …… 174
  - 6.4.1　トンネルにおけるコンクリート …… 174
  - 6.4.2　コンクリートブロックによる組積造への一時的回帰 …… 176
  - 6.4.3　構造用材料としての煉瓦の終焉 …… 178
- 6.5　デザインに残る組積造の記憶 …… 182
  - 6.5.1　"擬似組積造構造物"の登場 …… 182
  - 6.5.2　"擬似組積造構造物"の例 …… 183
  - 6.5.3　アーチ構造へのこだわり …… 186
- 6.6　まとめ …… 188

第7章　煉瓦構造物の保存 …… 193

- 7.1　はじめに …… 193
- 7.2　鉄道における煉瓦構造物の保守管理 …… 194
  - 7.2.1　鉄道構造物の保守管理と煉瓦構造物 …… 194
  - 7.2.2　鉄道構造物の保守管理基準と煉瓦 …… 196
  - 7.2.3　煉瓦構造物の補強・補修事例 …… 199
- 7.3　近代化遺産と煉瓦構造物 …… 203
  - 7.3.1　近代化遺産の沿革 …… 203
  - 7.3.2　近代化遺産の意義とその保存 …… 205
  - 7.3.3　碓氷峠鉄道構造物群の保存・活用 …… 207
- 7.4　まとめ …… 211

おわりに ──煉瓦がもたらしたもの── ……………………………… *217*
図版出典一覧 …………………………………………………………… *219*
索　引 …………………………………………………………………… *220*
謝　辞 …………………………………………………………………… *223*

序　章

　日本という国は，煉瓦に対して特別な思い入れを持つ国だと思う。外国で数千年におよぶ歴史を背負ってきた煉瓦という材料がわが国にもたらされたのは，江戸時代も終わりを迎えつつあった1850年代，浦賀沖にペリー提督率いる黒船が現れ，太平の眠りが醒まされようとしていた時代である。

　木と瓦と石の伝統文化に突如として登場した煉瓦は，いわば新参者に過ぎなかったが，黒船と同様にその威力には目を見張るものがあった。さすがに外国で数千年のキャリアを積んできただけあって，明治維新で西洋文明が怒濤のごとく流入してくると，たちまちそのシンボルと化してしまったのである。幕下付出しから一足飛びで大関，横綱へと昇進したというべきか，日本で地道にたたきあげてきた古参の木や漆喰にとって，この赤ら顔をした外人力士の存在はさぞかし面白くなかったであろう。とにかく，強度，耐久性，耐火性……どれをとっても太刀打ちできる相手ではなかったのである。

　しかし，煉瓦の時代はそう長くは続かなかった。鉄筋コンクリートというスマートで筋肉質な力士が登場すると急速に衰えを見せはじめ，大正時代にはもう引退へと追いこまれてしまうのである。セメントを原材料とするコンクリートは，もともと煉瓦と煉瓦を接合するために用いるモルタルの親戚であったが，煉瓦にとってはまさに庇(ひさし)を貸して母屋を取られたような思いだったに違いない。傲(おご)る煉瓦は久しからず……と言われたかどうかは知らないが，わずか50年弱の期間が日本における煉瓦の天下であった。

　半世紀という短期間ではあったが，煉瓦の果たした役割は大きい。それは材料としての煉瓦が，強度，耐久性，耐火性に優れた構造物を実現し，同時に西洋の近代土木・建築技術をわが国にもたらしたという純粋に技術的な役割だけにとどまらず，日本人の社会生活や文化的活動にも少なからぬ影響をおよぼした点に意義がある。江戸っ子の度肝を抜いた銀座煉瓦街や，「一丁倫敦(ロンドン)」と呼ばれた丸の内のオフィス街など，煉瓦が創り出した新たな都市景観の出現が，具体的な形や色彩を伴った西洋文明として人々に認識されたことは想像にかたくない。とくに

煉瓦建築の持つ威厳のある風貌は，権威や権力の象徴としても申し分のないものであった。今でこそ煉瓦は懐古趣味の対象として捉えられているが，この時代はまさに近代化の象徴だったのである。官公庁，軍事施設，刑務所，銀行，学校など，文明開化を標榜する明治政府にとって，赤煉瓦はそのシンボル的存在だったと言えよう。それゆえに，煉瓦はこの時代を語るうえで欠くことのできないキーワードとして，西洋化を始めた頃の日本人のDNAの中にしっかりと組み込まれたのである。私たちが煉瓦構造物に出会った時に感じるノスタルジアは，ひょっとしたらその頃の遺伝子がにわかに覚醒するせいなのかもしれない。

こうした煉瓦の歴史やデザイン，保存・修復については，これまで主として建築分野で研究が盛んに行われ，村松貞次郎[1]，水野信太郎[2,3]といった泰斗によってその全貌が明らかにされた。建築分野における研究成果は，単に学術的に煉瓦の技術史を解明したというだけにとどまらず，各地で行われつつある煉瓦を軸とした町づくりとして結実している。こうした煉瓦建築のなかには，東京駅や北海道庁，門司税関などといった錚々たる「名力士」たちが綺羅星のごとく並び，都市のランドマークとして，また観光名所として多くの人々から親しまれている。

これに対して土木分野はどうなのだろうか。今さら煉瓦を調べたところで，その知識を新しい構造物に活かすことはほとんど考えられないし，何よりもこれから煉瓦を使ってトンネルや橋梁を造ることはあり得ない。煉瓦は，完全に過去の遺物に過ぎないのである。しかし，ひとたび目を凝らすならば，土木構造物の中には今なお現役で用いられている煉瓦構造物を数多く見出すことができる。ことに本書でとりあげた鉄道は，煉瓦とほぼ同時期に西洋からもたらされた技術として，また煉瓦の生産，流通，消費というあらゆるプロセスに深く関わった産業分野として，今も多くの煉瓦構造物を使用し続けている。さらに，近年では文化庁や土木学会を始めとする国や地方自治体，学協会などによるいわゆる近代化遺産調査が開始され[4]，幕末・明治以降に建設された土木構造物が新たな研究対象として注目を集めつつある。

このような煉瓦構造物を保守管理するうえで，また近代化遺産として評価するうえで，その実態を把握しておくことは不可欠である。そこで筆者は，線路脇にひっそりとたたずむ煉瓦構造物を全国各地に訪ね歩き，ひとつひとつの実態調査を通じてその全体像を体系化することとした[5]。今回の分析にあたって調査した構造物は，鉄道用煉瓦構造物がほとんどない高知県と沖縄県を除く全国45都道府県にわたり，トンネル360ヵ所，アーチ橋558ヵ所，橋梁下部構造（橋台・橋脚）1,672ヵ所，その他203ヵ所の合計2,793ヵ所におよんだ。寡黙な煉瓦構造物たちに

昔話を聞くことは容易でなかったが，足を棒にして訪ね歩き，文献を紐解くうちになんとか煉瓦構造物と対話ができるようになった。そこで見聞した話の中には，建築分野とは違った土木分野独特の思い出話も数多く含まれていた。本書では，歴史の彼方へ忘れ去られようとしている煉瓦構造物にスポットライトをあて，その技法やデザインの変遷について分析してみたい。

[序章　註]
1) 村松貞次郎「日本建築近代化過程の技術史的研究」『東京大学生産技術研究所報告』Vol.10, No.7, 1961
2) 水野信太郎「日本近代における組積造建築の技術史的研究」東京大学学位請求論文, 1986
3) 水野信太郎『日本煉瓦史の研究』法政大学出版局, 1999
4) 文化庁による調査は，近代化遺産総合調査事業として1990（平成2）年より各都道府県単位で開始され，調査報告書が順次刊行されているほか，土木学会では1993（平成5）年より土木史研究委員会近代土木遺産調査小委員会を設置して調査を進め，『日本の近代土木遺産』土木学会, 2001として集大成した
5) 本書は，小野田滋「わが国における鉄道用煉瓦構造物の技術史的研究」『鉄道総研報告』特別号No.27, 1998（同書は同名で研友社より翻刻発行）をベースとして，その後の知見を加えて再構成したものである。個々の構造物の基本データなどについては，同書を参照されたい

ページ数については，本文中に原文などを直接引用した場合および，本文中の記述にあたり参照を行った場合のみ記載した。以下の章も同様である。
また，引用にあたっては誤記と思われる記述を含めて極力原文を尊重したが，読みにくい文章については，筆者の判断で句読点を適宜追加した。

第1章

煉瓦の導入と展開

1.1 はじめに

　煉瓦構造物を理解するうえで，最初にその歴史を振り返っておくことは重要である。煉瓦という材料が，いつ頃わが国にもたらされ，どのように用いられ，普及したのかという歴史的背景を知らずして，煉瓦構造物を理解することはできない。

　煉瓦は，土木・建築用の人工材料として，最も古い歴史を持つもののひとつで，その起源は遠くメソポタミア時代に登場した日干煉瓦にまでさかのぼることができる。その後，耐久性，耐火性に優れた土木・建築用の材料として中近東，ヨーロッパを中心として徐々に広まった。煉瓦が飛躍的な発展を遂げたのは19世紀のヨーロッパで，焼成方法や製造機械の改良によって大量生産が可能になると，石材に代わる材料として急速に普及し，折からの産業革命と呼応して煉瓦構造による大規模な土木・建築構造物が出現するようになった。ことに赤煉瓦は，煉瓦を代表する材料として広範囲に用いられ，この時代の都市景観を規定する重要な構成要素となった。

　一方，わが国における煉瓦は，江戸時代末期の安政年間（1850年代）に長崎で焼かれたものがその最初とされるので，諸外国に比べてその歴史は比較にならないほど浅いと称しても過言ではない。しかし，ほどなく神戸，横須賀，函館などで製造が開始され，明治初期には早くも国産化の体制が整っていた。やがて，殖産興業が本格化すると煉瓦の需要は一挙に増大し，ホフマン式輪窯などを用いて大量生産が開始されるようになった。これらの製品は，西洋文明がもたらした様々な土木・建築構造物に用いられたが，中でも本書の主題である鉄道は，トンネル，アーチ橋（高架橋・暗渠），橋梁下部構造（橋台・橋脚），土留壁，サイフォン，プラットホーム基礎，駅舎，工場，危険品庫（油庫またはランプ小屋とも称する），貯水槽，機関庫，事務所など，土木・建築構造物を問わず多方面に用

いるにいたった。

本章ではまず，わが国の土木分野において，どのように煉瓦が導入され，定着したのかを明らかにし，鉄道と煉瓦製造の関わりやその時代背景について考察することとしたい。

1.2 鉄道工事と煉瓦

1.2.1 煉瓦の導入と国産化

わが国最初の煉瓦は，1857（安政4）年に着工した長崎鎔鉄所（のちに払い下げられて現・三菱重工業長崎造船所）の赤煉瓦にさかのぼることができる。これは当時，長崎海軍伝習所教官として来日していたオランダ人海軍機関将校・ハルデス（Hardes, Hendrick）の指導によって，現在の長崎市飽ノ浦町付近で焼かれたものであった。その後，表1.1に示すように主として官営工場や燈台，煉瓦街，鉄道など明治政府の施策に伴って各地で煉瓦の製造が開始され，外国人の指導を得ながらも次第に日本人による製造へと移行した。そして，煉瓦構造物の建設とともに，煉瓦という素材が徐々に人々の眼にも触れるようになったのである。

煉瓦の需要が増加するとともに，その製造を専門に行う業者が各地に出現した。煉瓦製造の企業化は，明治初期にその先駆的な事例が見られ，徳川幕府の瓦解に伴って失業した士族を救済するための士族授産として，いくつかの煉瓦製造所が設立された。1882（明治15）年に愛知県碧海郡大浜村（現・碧南市）に設立された東洋組，1887（明治20）年に大阪府和泉郡岸和田村（現・岸和田市）に設立された第一煉瓦（のちの岸和田煉瓦）などはその典型的な例であった。

初期における煉瓦の生産は，だるま窯や登り窯によるものが一般的であった。このうち登り窯は緩斜面に半連続の窯を数室設け，焼成中の余熱を後室の焼成に再利用させながら煉瓦を焼く構造であったが，この方式では各室の煉瓦の焼成をすべて完了させなければ窯出しができず，効率的ではなかった。そこで導入されたのがホフマン式輪窯で，円形または楕円形の連続窯を構築し，窯詰・予熱・焼成・冷却・窯出しという一連の工程を循環させながら行うことにより，窯を休めることなく煉瓦を生産することが可能となった。わが国でホフマン窯が本格的に普及するのは，1885（明治18）年，東京集治監に楕円形のものが築造されてからで，東京職工学校（現・東京工業大学）陶器玻瑠科教授のドイツ人・ワグネル（Wagener, Gottfried）の指導によって完成した。その後，隅山本工場（東京府南足立郡西新井村，現・足立区），日本煉瓦製造（埼玉県大里郡大寄村，現・深谷

表1.1 幕末～明治初期にかけて設立された主な煉瓦工場

地方	名称	創業年	所在	製造者	用途
北海道	金子煉化石製造所	1860(万延元)年	北海道亀田村	金子利吉	
	平製造所	1866(慶応2)年	北海道亀田村	平一	
	開拓使茂辺地製造所	1872(明治5)年	北海道上磯町	開拓使	開拓使常備倉ほか
東北	阿仁鉱山用	1877(明治10)年以前	秋田県		阿仁鉱山
関東	横須賀製鉄所	1866(慶応2)年	神奈川県横須賀市	ヴェルニー(仏)、ボエル(仏)、堤磯右衛門	横須賀製鉄所、燈台(野島崎、品川、城ヶ島、観音崎)
	富岡製糸場用	1871(明治4)年	群馬県富岡市	バスチャン(仏)、韮塚直次郎、根岸喜三ほか	官営富岡製糸場
	横浜ガス会社用	1871(明治4)年	東京都下(下町?)		横浜ガス会社
	犬吠崎燈台用	1872(明治5)年	千葉県下総町	ブラントン(英)、地元旧藩士	犬吠崎燈台
	盛煉社	1872(明治5)年	東京都小菅	ウォートルス兄弟(英)、平松栄治郎、小倉常祐	竹橋陣営、銀座煉瓦街ほか
	ジェラール工場製造	1873(明治6)年	横浜市元町	ジェラール(仏)	横浜外国人居留地
近畿	菅島燈台用	1872(明治5)年	三重県	ブラントン(英)、竹内仙太郎	菅島燈台ほか
	神戸外国人居留地	1868(明治元)年	神戸近辺	ハート(英)	神戸外国人居留地下水道、建築
	大阪造幣寮用	1869(明治2)年	兵庫県明石	ウォートルス兄(英)	大阪造幣寮
	大阪造幣寮用	1869(明治2)年	大阪府鴨野	ウォートルス兄(英)、江川某	大阪造幣寮
	大阪造兵司用	1870(明治3)年	大阪府堺市	中島成道、原口忠太郎	大阪砲兵工廠
	阪神間鉄道用	1870(明治3)年	大阪府堺市	丹治長蔵、永井庄右衛門、原口亀太郎	阪神間鉄道構造物
	丹治煉瓦製造所	1870(明治3)年	大阪府堺市	丹治利右衛門、原口忠太郎	大阪造幣寮、阪神間鉄道構造物、生野銀山
	岸和田士族製造	1872(明治5)年	岸和田市並松町	山岡尹方	大阪府庁舎、造幣局、砲兵工廠
	京阪間鉄道用	1874(明治7)年	京都市北区川島	浅田政三	京阪間鉄道構造物
中国	大阪造幣寮用	1869(明治2)年?	広島方面?		大阪造幣寮?
九州	長崎鎔鉄所	1857(安政4)年	長崎市飽ノ浦	ハルデス(蘭)、マイソル(蘭)	長崎鎔鉄所(長崎製鉄所)
	佐賀・小城藩炭坑用	明治初期?	佐賀県伊万里市	モリス(英)	佐賀・小城藩炭坑
	蒟蒻煉瓦	幕末～明治初期	長崎近辺		小菅ドック捲上機小屋ほか

市),大阪窯業(大阪府堺市),下野煉瓦(栃木県下都賀郡野木村,現・野木町)などの工場に相次いでホフマン式輪窯が築造され,煉瓦の大量生産が本格的に開始されるようになった。しかし,中小の工場ではその後も登り窯が使用され続け,1900(明治33)年末における関東地方(東京府および近県4県)の窯数は,ホフマン式輪窯20座に対して,登り窯51座を数えた。

一方,関西では明治20年代に大阪府の堺,岸和田,貝塚など泉州平野一帯に煉瓦会社が次々と設立され,堺の大阪窯業,堺煉瓦,岸和田の岸和田煉瓦,貝塚の

貝塚煉瓦などが操業を開始した。このほかの地方でも中小の煉瓦工場が開設されたほか，瓦業者も兼業で煉瓦製造を開始し，とくに東京都足立区周辺，愛知県知多半島周辺，広島県豊田郡安芸津町周辺などでは地場産業として発展した。

このように，明治10年代末から20年代にかけては，煉瓦の製造が次第に組織化された時代として捉えることができ，大都市の周辺にホフマン式輪窯を擁する大工場が勃興する一方，各地方においても中小の煉瓦製造業者がこれを補完する形で煉瓦の製造を開始した。その背景としては，鉄道の建設や煉瓦建築の普及などに伴って煉瓦の需要が増大したこと，煉瓦の製造が日本人のみの手で行えるようになったこと，ホフマン式輪窯の導入や成形作業の機械化によって大量生産が可能になったこと，鉄道や舟運などの流通手段が整備されて全国各地へ製品を出荷する体制が整ったことなど，様々な要因が重なったためと考えられる。

1.2.2 初期の鉄道工事と煉瓦の導入

幕末から明治初期にかけての導入期における煉瓦の需要は，製鉄所や製糸所などの官営工場の建設や，燈台施設，水道施設，鉱山施設，軍事施設などが主なものであった。しかし，鉄道の建設が本格的に開始されると，様々な鉄道施設を建設するために膨大な煉瓦が必要となった。わが国における鉄道の建設は，まず京浜間（新橋～横浜間）で始まり，続いて阪神間（大阪～神戸間），京阪間（京都～大阪間）へとおよぼされた。そして1889（明治22）年には東海道本線新橋～神戸間，1891（明治24）年には上野～青森間，さらに1901（明治34）年には神戸～下関間がそれぞれ全通して，わずか30年足らずで日本の背骨に相当する部分が鉄道によって結ばれるにいたった。

（1）京浜間の鉄道工事と煉瓦

わが国最初の公共鉄道である新橋～横浜間の鉄道は，1870（明治3）年閏3月25日に起工し，1872（明治5）年に完成した。これまでの記録や研究によれば，開業当初におけるこの路線において，煉瓦は用いられなかったとするのが定説である。『日本鉄道請負業史──明治篇──』によれば，「京浜間は全線一切煉瓦を用いず，専ら石材を使用した。それは当時沿線付近に煉瓦製造業者絶無なりしこと，官設煉瓦工場を開設せんとしても，沿線に煉瓦製造に適する良質粘土を発見し得なかったこと，此二つの理由に由り煉瓦の代りに全部石材を使用することになったのである。」[1]とある。また堀越三郎は，京浜間の鉄道工事に携わった大島盈株の日誌を紹介した中で，「京浜間の鉄道工事は明治3年3月から計画されたものであるが，其の工事の初めに在っては煉瓦を使用した形跡が見えない。」[2]と述べ，

第1章 煉瓦の導入と展開　　23

鉄道工事で最初に煉瓦を用いたのは銀座煉瓦街が誕生する1873（明治6）年以降ではないかと推測した。その大島盈株の日誌に初めて"煉化石"[3]の文字が登場するのは，鉄道開業の約1年後にあたる1873（明治6）年10月4日のことであった[4]。

○十月四日（明治6年）晴
　　右同所（鍛冶場）地形並練化石積方とも絵図佐畑公より受取
○三月十二日（明治7年）風
　　小菅感練社より練化石見本差出す
○七月十二日（明治7年）晴日
　　鍛冶場煉化石積方の義製作寮御雇久保福太郎弟子中村初五郎呼出し明日より可罷出旨達す
○七月十三日（明治7年）晴
　　練化石積職罷出竪ヤリカタ等差図の事練化石積方都て外国人キング氏へ引合済の事
○七月十八日（明治7年）晴
　　鍛冶場煉化石積初の事
○十一月四日（明治8年）晴
　　六郷川鉄橋新築用煉化石製造場検査として大竹中属有吉中属小生同行本所瓦町小林吉兵衛方へ罷越候事
　　　　　　　　　　　　　　　　　　　　　　　　　　　　　　　（原文のまま）

　これらの記録から判断して，1873（明治6）年に鍛冶場の煉瓦積みの図面を佐畑（鉄道寮権助・佐畑信之）より受け取り，翌年3月に煉瓦の見本を小菅の製造所から取り寄せ，7月頃から雇外国人・キング（King, George）の指導のもとに煉瓦積みを始めたようである。文中の「小菅感練社」とは小菅にあった盛煉社（製煉社・精煉社とも）の誤植または誤記であると判断して間違いなく，のちに政府に買収されて小菅監獄（のち東京集治監）となった煉瓦会社である。
　新橋停車場構内における鍛冶場の建設については，当時の公文書である『鉄道寮事務簿』[5]にも記録が残っており，煉瓦工事をめぐる雇外国人側と日本人側の考え方の違いを知るうえで興味深いやりとりが見られる。この記録は，鍛冶場の建築を監督している雇外国人より，日本人の作業員が怠惰で工事が遅滞しているとの訴えに対する日本側の回答を綴ったもので，訴えは建築師長・ボイル（Boyle, Richard Vicars）から鉄道差配役・カーギル（Cargill, William Walter）を経由して鉄道頭・井上勝に伝えられた。井上勝は1874（明治7）年12月6日付でこの件を工部卿・伊藤博文に報告し，伊藤は新橋運輸局に対して至急取調べを開始するよう指示した。その結果は翌年1月19日付で報告され，ドイツ国籍の雇外国人・ペトルソン（Peterson, Hans）が煉瓦積みの指示を間違え，手直しが多かったこと，ペトルソンは長さ二尺の下げ糸を用いて煉瓦積みをさせたが作業がはかどらず，

官員(新橋鉄道局職員)の指示で縦線・横線の定規に目盛りを付けて積み上げる方式に切り替えたところ、ペトルソンもとくに文句を言わなかったことが明らかとなった。また、窓枠の据付けにしても、煉瓦を積んだ後に窓枠をはめこむようキンダー(Kinder, Claude William)より指示を受けたが、窓台を据えてただちに窓枠を据え付け、その後で煉瓦積みを行った方が容易に施工できることも報告された。お互いのコミュニケーション不足による行き違いがあったにせよ、煉瓦積みという未知の技術に対して日本人の職人が雇外国人の指導を得ながらも巧みに適応していた様子がうかがえるエピソードである。

　このように、これまでの記録はいずれも開業時の京浜間鉄道に煉瓦が使用されたことを否定したものであったが、大島盈株が『建築雑誌』[6]に発表した開業当時における京浜間の42棟におよぶ建築物の一覧表には、煉瓦を使用していたと思われる建築として新橋ステーション石炭庫(1872(明治5)年7月30日竣工)、品川ステーション官舎(同年4月20日竣工)の2棟が掲載されている。このうち、前者は掛官員に大島盈株も名を連ねているので、日誌にこそ記さなかったものの、鉄道開業以前にすでに煉瓦に遭遇していることが考えられる。しかし、後述の阪神間や京阪間のように鉄道工事用の煉瓦工場を設立して大量生産を行うようなことはなされず、使用されたとしても付属建築のごく一部にとどまっていたと判断される。

(2) 阪神間の鉄道工事と煉瓦

　阪神間の鉄道は、京浜間に遅れること約半年後の1870(明治3)年閏10月24日に着工し、ほぼ同時期に工事が進められて1874(明治7)年5月11日に開業した。この鉄道では、わが国の鉄道用としては初めての鉄橋や(京浜間はすべて木橋)トンネルが建設されたことなど、のちの鉄道土木技術の源流とも言うべきいくつ

写真1.1　竣工時の石屋川トンネル

かの要素技術が導入されたが，煉瓦の製造・施工技術もそのひとつであった。

工部省鉄道掛では，1870（明治3）年に堺の大浜通りにあった函館物産会所，姫路物産会所の跡地を堺県から譲り受け，原川魁助，長谷川彦兵衛らによって鉄道工事用の煉瓦製造所が設置されたが，これが鉄道における煉瓦製造の始まりであった。製造にあたっては，近隣の京都府や兵庫県に照会して陶器や瓦の職人を集め，雇外国人の指導の下に堺の瓦製造人・丹治長蔵が職工長に任命された。同じ年には，関西で最も早く日本人によって煉瓦製造を開始したと言われている大阪造兵司の分工場が堺に設けられており，煉瓦製造の下地は十分に整っていた。

煉瓦の焼成窯については2つの説があり，『煉瓦要説』[7] ではだるま窯と称するわが国旧来の瓦窯を一方口としたようなものを用いたとしており，また『日本鉄道請負業史——明治篇——』[8] では，「陶器屋慣用の登り窯」3座（1座は8〜10室に区分）を築造したとしている。どちらの説が正しいかは史料に乏しいが，いずれにしても従来の陶器または瓦の製造に用いられていた窯を改良した，比較的小規模なものであったようである。ここで製造された煉瓦は小帆船によって大阪，尼崎，西宮，神戸等に陸揚げされ，さらに車力によって各工事現場へと運搬された。

この時に煉瓦を使用した土木・建築構造物としては，大阪停車場本屋を始め，わが国最初の鉄道トンネルとなった石屋川トンネル（**写真1.1**），芦屋川トンネル，住吉川トンネル，大小のアーチ型暗渠などがあったが，その一部は今も現存している（トンネルはいずれも1919（大正8）年〜1920（大正9）年にかけて跨線水路橋に改築されたため現存しない）。図1.1は芦屋川トンネルの断面構造を示したもので，覆工は煉瓦5枚巻としてその外側をコンクリートと"こね土"（puddle）で保護していた。

当時，阪神間の鉄道建設の指導にあたっていた雇外国人・ポッター（Potter,

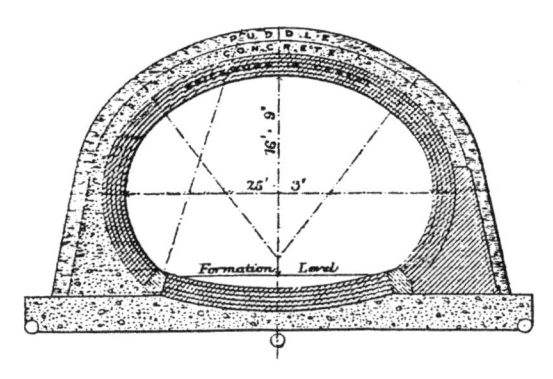

図1.1　芦屋川トンネル断面図

William Furnice）は，1878（明治11）年12月10日に英国土木学会で行った阪神間の鉄道に関する講演の中で日本の煉瓦製造について触れ，「優秀な煉瓦が，とくに大阪で生産されている。そしてこれらの煉瓦は，建設にさいして各所で採用された。」[9]と紹介した。また，初期の燈台建設に功績のあった雇外国人技師・ブラントン（Brurton, Richard Henry）も「私は大変良質な煉瓦が堺で製造され，神戸と大阪で入手されることを紹介しておくが，それらを試験する機会はまだない。」[10]と記しており，こうした記述から製造間もない頃の国産煉瓦が，外国人技術者から見ても高品質であったことが理解できる。その後，堺の煉瓦工場は，1873（明治6）年夏に鹿児島県人の永井庄右衛門，原口亀太郎へ払い下げられ，製品は引き続き必要に応じて鉄道寮へ買い上げられた。

（3）京阪間の鉄道工事と煉瓦

　京阪間の鉄道建設は，1873（明治6）年12月26日に着手し，1877（明治10）年2月5日に全通を果たした。この区間における煉瓦の供給は浅田政三の請負納入により行われ，1874（明治7）年11月に京都府葛野郡川田村大字川島（現・京都市西京区川島付近）に製造所が設けられた。京阪間の鉄道用煉瓦がこの工場のみですべて賄われたかどうかは明らかでないが，堺の煉瓦工場が民間に払い下げられた後も鉄道に煉瓦を納入していたとされることから，混用していた可能性もある。

　このように，初期の鉄道工事における煉瓦の供給は，煉瓦製造を専門とする工場が未発達であったため，直轄あるいは請負の工場を現場の近傍に設けて製造する体制によってスタートしたが，煉瓦の用途も限られていた明治初期の段階ではそれで十分であったと言えるだろう。

1.2.3　鉄道網の発達と煉瓦の広がり

　京浜間，阪神間，京阪間の鉄道はそれぞれ雇外国人技師の指導を受けながら工事が進められたが，鉄道技術の自立をめざした鉄道頭・井上勝の方針により，それ以後の鉄道工事は基本的に日本人の手によって行うこととなった。井上は，1877（明治10）年に大阪停車場構内に工技生養成所を設立し，直轄による高等技術者教育を開始した。その講師には雇外国人や留学経験のある邦人技術者があたり，全国から選抜された若者達が現場での実務経験を積みながら鉄道技術を習得した。そして，1880（明治13）年に日本人のみの手によって完成した京都〜大津間の逢坂山トンネル（延長665m）を始め，1885（明治18）年にわが国で初めて延長1kmの壁を突破した長浜〜敦賀間の柳ケ瀬トンネル（延長1,352m）などの構

造物が次々と完成し，工技生養成所の卒業生たちはそれぞれの現場の監督者として井上の期待に応えた。工技生養成所は工部大学校や帝国大学の拡充とともにわずか5年でその使命を終えてしまうが，24名の卒業生はテクノクラート（技術官僚）としてその後の鉄道建設の指導者となるのである。

こうした鉄道網の伸展とともに煉瓦の製造・施工技術も全国へと波及し，それまで都市とその周辺に限られていた煉瓦構造物が山間僻地にも登場することとなった。表1.2は大阪～神戸間に始まる鉄道建設とその煉瓦の供給地の関係を当時の文献に基づいて再整理したもので[11]，大阪～神戸間では堺，京都～大阪間では京都に煉瓦工場が設立され，続く長浜～敦賀間では堺で製造された煉瓦が使用された。一方，関東地方では1882（明治15）年に開始された日本鉄道（現・東北本線およびその支線群）の建設で，埼玉県下や岩手県下の沿線に直轄の煉瓦工場が設立された。明治20年代前半に建設された東海道本線や関西鉄道（現・関西本線およびその支線群）でも現地に直轄の煉瓦工場を設立したが，明治20年代後半を境として，各地で操業を開始した煉瓦製造会社から製品を購入するようになり，信越本線横川～軽井沢間の建設では，現地の工場と日本煉瓦の製品が併用され，甲武鉄道（現・中央本線八王子以東）の建設でも金町煉瓦の製品が用いられた。

現地生産と製品購入の併用は明治30年代も続き，とくに中央本線，山陰本線などの比較的長距離の路線でその傾向が強かった。北海道では，1898（明治31）年に私設鉄道である北海道炭礦鉄道（現・室蘭本線ほか）が札幌郡江別村字野幌（現・江別市）に直営の煉瓦工場を設立し，野幌煉瓦工場として久保栄太郎に請け負わせ，のちに息子の久保兵太郎がこれを継いだ。この兵太郎の次男が作家の久保栄で，その代表作である小説『のぼり窯』[12]は，兵太郎をモデルとして地方の煉瓦工場とそこに働く労働者が大資本や軍部の圧力に翻弄される様子を描いた作品である。ちなみに，栄太郎は徳島県の出身で，のち鉄道庁に出仕し，鉄道工事用材料の検査官として江尻（東海道本線・金谷付近），福井，軽井沢，板谷峠（奥羽本線・福島～米沢間）などの現場を経て東京在勤後に退官し，山梨県に煉瓦工場を設立したが，その直後に北海道炭礦鉄道より煉瓦工場の経営管理の招請があり，1897（明治30）年に長男・兵太郎とともに渡道した。兵太郎は当時，父親の跡を継いで鉄道庁に出仕していたが，北海道を代表する煉瓦工場がこうした鉄道官吏の経験を持つ父子によって経営されたことは，鉄道と煉瓦の密接な関わりを示す史実として興味深い。

この久保兵太郎も関わった建設現場である板谷峠の鉄道工事は，1894（明治27）年～1899（明治32）年にかけて行われたもので，煉瓦は総数2,880余万個を使用

表1.2 文献による鉄道用煉瓦の供給地

線名	区間	建設期間	煉瓦の供給地
東海道本線	大阪〜神戸	1870〜1874	明治3年堺大浜通に煉瓦製造所を建設し、京都、兵庫より陶器または瓦職人を招集して雇外国人が指導した。登り窯3座を築造し、古代八幡付近から粘土を採取したのが質は良かった。製品は、大阪、尼崎、西宮、神戸等へ船で運び、そこから車力に積んで現場へ搬出した。明治6年に鹿児島県人、永井庄右衛門、原口亀太郎に払い下げられ、製品は必要に応じて鉄道寮が買い上げた
東海道本線	京都〜大阪	1873〜1877	明治7年、京都府葛野郡川田村大字川島に煉瓦製造所を設けて納入した
北陸本線	長浜〜敦賀	1880〜1884	本工事に使用した煉瓦は堺煉瓦工場のものを使用した
東北本線	上野〜川口	1882〜1887	高島嘉右衛門の請負により埼玉県元郷村に煉瓦製造所を建設した
東北本線	日詰〜小繋	1882〜1887	浜野茂が煉瓦の納入を請負い、厨川付近で煉瓦を製造した。鹿島組は中山付近に煉瓦製造所を設けて製品を沼宮内〜小繋間の工事に使用した
東海道本線	横浜〜大府	1886〜1889	村井正利を主任として、江尻、金谷、中泉等に煉瓦製造所を設置した。江尻製造所はそのうち最大で、巴川左岸にあって窯数4、原料の粘土は巴川上流から運び、これらは洞トンネル方面や石部トンネル方面へ供給した
関西本線	加太トンネル	1889〜1890	約300万個の煉瓦が必要とされたが、運搬に莫大な費用がかかると予想されたため、トンネルの近くに適当な粘土が発見され、見本を焼いてみたところ煉瓦ができたため、煉瓦職工を集めて製造の準備を開始した
信越本線	横川〜軽井沢	1891〜1893	煉瓦は武州川口煉瓦焼場にて500万個、深谷煉瓦製造にて750万余個、塩沢の本庁煉瓦製造所にて350万余個を製造した。塩沢の本庁煉瓦製造所からは、軽井沢駅より1哩54鎖の支線を設けて運搬した
中央本線	飯田町〜新宿	1893〜1895	煉瓦は、金町製瓦会社より購入した。煉瓦総数は、6,307,050本で、主に二等、三等品を使用した
奥羽本線	福島〜米沢	1894〜1899	煉瓦は総数2,880万個使用した。このうち166万個を板谷山中にて製造した。外はすべて福島、米沢方面より現場に配給した
関西本線	木津川橋梁	1895〜1898	煉瓦は京都府下相楽郡木津町大字梅谷平岡製のものを用い、運送は木津川まで軽運車で、それより先は木津川の河舟で運んだ
篠ノ井線	篠ノ井〜塩尻	1896〜1902	煉瓦は白坂トンネル付近で産出した
信越本線	直江津〜新潟	1896〜1898	橋本忠次郎が請負い、柏崎、塚山、柿岡、長岡、三条の5カ所に煉瓦窯を急造して供給した
中央本線	八王子〜上野原	1896〜1901	大倉組が請負い、小仏トンネル付近に煉瓦窯を設けたが、品質が悪く「かすてられんが」と呼ばれて使用に耐えなかった。良質の煉瓦は、八王子を経由して運んだ
中央本線	笹子トンネル	1896〜1902	東口は、工事用列車が隧橋まで達した時にはじめて深谷産のものを使用したがその数は少数にとどまり、それ以前は付近の黒野田、初狩南口で製造したものを使用した。これらは良質の粘土がなく、品質はあまり良好でなかった。西口は、駒飼小佐手および山梨煉化製造会社のものを使用した。品質はほどに良好であったが、深谷産のものにはおよばなかった
根室本線	古瀬トンネル	1900〜1902	大部分の煉瓦は函館製造のものを使用した
山陰本線	香住〜今市	1900〜1912	大阪堺市付近産出のものが大部分を占め、ほかに香川県三豊郡、兵庫県豊岡町、山陰内各地方で製造したものを若干使用した
東海道本線	東京〜浜松町（新永間市街線）	1900〜1914	煉瓦は埼玉県深谷市付近製品を納入、鼻黒煉瓦は利根川付近の製品を使用した。並煉瓦は日本煉瓦製造、化粧煉瓦は鳥井工場、品川白煉瓦、千葉工場、大阪窯業、長坂煉瓦製造から納入した
肥薩線	矢岳トンネル	1906〜1909	真幸川（川内川上流）水流に煉瓦工場があって、全部ここから供給した
中央本線	万世橋駅	1906〜1911	煉瓦は日本煉瓦株式会社製焼過品を中伏とし、表面には同社特製磨化粧煉瓦を用いた
山陰本線	福知山〜香住	1906〜1911	堺市付近所在の工場のものを使用し、一部は豊岡中江工場の製品を使用した
宇野線	岡山〜宇野	1907〜1910	堺および讃岐両会社より、海路によって煉瓦を購入し、児島郡甲浦村大字宮浦に陸揚げした
日豊本線	柳ヶ浦〜大分	1907〜1911	沿線で製造している場所が少なかったため、ほとんど大阪、和泉、讃岐、広島地方から供給を受けたが、高価なためできる限り石材を使用した
池北線	池田〜網走	1907〜1912	煉瓦は、本道池田止若産のものが大部分を占め、内地製は堺煉瓦の170万個を使用したのみ
北陸本線	富山〜直江津	1907〜1913	煉瓦は大阪堺産および沿線で製造したものを使用した。大阪堺地方の煉瓦は海路で夏期に限り現場において仮泊して運搬し、天候不順の場合は佐渡や小樽に避難して天候の回復を待った
東海道本線	東京駅	1908〜1914	煉瓦は日本煉瓦会社製造の焼過二等品、並焼一等品、並二等品の3種類であった。外部に使用した化粧煉瓦は、品川白煉瓦会社の製品で、これほど大量の化粧煉瓦の使用例はこれまでになかったため、厳密な品質検査に合格したのは製造総数の100分の40余に過ぎなかった
根室本線	滝川〜富良野	1911〜1913	煉瓦はすべて本道産で、旭川及び野幌工場のものが大部分を占めたが、その他は沼田工場製を使用した
陸羽西線	新庄〜酒田	1911〜1915	煉瓦は山形（山形県下、赤石）宮城両県下、ならびに大阪製のものを使用した
湧別線	北見〜下湧別	1911〜1916	煉瓦は主に本道池田、野幌産であった。第二湧別川橋梁に使用したもののみ、大阪窯業の製品であった
陸羽東線	小牛田〜新庄	1911〜1917	煉瓦は主として長町製品を使用したが、沿線付近に工場を設置して、製作したものも幾分か補充して使用した。異形煉瓦は山形県下、赤石のものを使用
山陰本線	出雲市〜浜田	1911〜1921	煉瓦は主に和泉堺煉瓦製造所のものを用いた
男鹿線	追分〜船川	1912〜1916	煉瓦は大部分、大阪製を使用した
万字線	志文〜万字炭山	1913〜1914	煉瓦はすべて本道産で、主に野幌工場製を使用した
東海道本線	横浜駅	1914〜1915	煉瓦は金町および日本煉瓦製造所製焼過二等品を用いた
東海道本線	大津〜京都	1914〜1921	逢坂山トンネルは、泉州堺、岸和田、姫路、滋賀県山田、膳所、八幡より供給した。東山トンネルは、姫路、堺、岸和田、滋賀県山田の煉瓦を使用した
東海道本線	丹那トンネル	1918〜1934	東口の煉瓦は大阪窯業製で、海運により熱海海岸へ陸揚げして、建築列車で現場まで運んだ

図1.2 板谷煉瓦工場及粘土運搬高架桟橋之景

図1.3 米沢市松原煉瓦工場附近之景

し，このうち166万個を板谷山中にて製造，他はすべて福島，米沢方面より現場に配給したと伝えられている。このうち，板谷街道の馬場平付近には，図1.2に示すような板谷煉瓦工場が設けられたが，工事現場まで煉瓦を運搬する軽便鉄道，粘土を運搬するトロッコなどが詳細に描かれており，こうした山間部にも煉瓦を焼く煙が立ちのぼっていたことが理解できる。また，図1.3は米沢市松原にあった鉄道用の煉瓦工場を示したもので，登り窯により製造している様子がわかる。

　やがて，明治40年代になるとほとんどが製品購入となってしまうが，肥薩線，陸羽東線，磐越西線など煉瓦の生産地から離れた遠隔地の現場では，引き続き現地生産が続けられた。久保田敬一はのちに，1907（明治40）年から1914（大正3）年にかけて工事が行われた岩越線（現・磐越西線喜多方～新津間）の工事を回想した中で，「私が，働いた岩越線建設当時は同線の工事は煉瓦巻でした。煉瓦焼の工場をわざわざ現場で拵えてそこで焼いたものです。（原文のまま）」[13]と記した。

1.3 鉄道用煉瓦における規格の変遷

1.3.1 初期の規格

　煉瓦製造の初期段階では，その生産量も限られ，熟練した職人が自分の満足する製品を心ゆくまで造りあげることが可能であったが，煉瓦の生産が企業化され，施工も請負業者による外注工事が中心になると，製品の納入や工事を施工するうえでの条件を記した"心得""仕様書"といった類の書面が交わされるようになってきた。このような書類は，始めのうちはそれぞれの現場ごとに取り交わされていたと考えられるが，鉄道の組織が拡大するにつれて共通する事柄については汎用的な仕様書を定め，まちまちであった現場の契約条件を統一して管理するようになった。

　初期における煉瓦の規格の事例としては，1872（明治5）年，銀座煉瓦街建設にあたって，東京府建築掛が制定した「煉化石并生石灰入札仕様書」[14]および「煉化石建築方法」[15]がある。この中では，品質，寸法，外観，目地の配合，施工方法などが規定されたが，とくに寸法では7寸5分（227.3mm）×3寸6分（109.1mm）×2寸（60.6mm）というのちの"東京形"と同寸のものが用いられた。しかし，物理的性質は規定されておらず，品質検査も打音による定性的な判断にとどまっていた。これに対して初期の鉄道用の煉瓦は，とくに基準を決めることなくそれぞれの責任において生産されていたようである。

　わが国の鉄道において，最も過去にさかのぼることができる煉瓦の規格は，1891（明治24）年11月18日付・甲第1137号達と考えられるが，原文についてはこれまでのところ現存が確認されていないため，その詳細については不明である。また，1896（明治29）年と1897（明治30）年には，橋脚のウェルに用いる異形煉瓦の寸法に関する規格化が行われた（2.2.1参照）。この頃になると煉瓦の物理的性質に関する試験結果も次第に報告されるようになり，関係者の間で品質管理の重要性が認識されるようになった。とくに，1891（明治24）年に発生した濃尾地震は，煉瓦の強度や耐震性に対する関心を集める契機のひとつとなり，煉瓦構造物の被害を踏まえて震災予防調査会などによって煉瓦の各種試験が行われた[16]。

1.3.2 新永間市街線建設と「高架鉄道用並形煉化石仕様書」

　鉄道用の煉瓦に関わる技術基準のうち，原文が明らかな記録として最も古いものは，新永間市街線（現・東海道本線東京～浜松町間の高架線）の工事にあたっ

写真1.2 竣工した新永間市街線高架橋

て1901（明治34）年10月26日付・鉄作計乙達第2007号で制定された「高架鉄道用並形煉化石仕様書」である。新永間市街線とは，1889（明治22）年3月5日に公布された東京市区改正設計に端を発した鉄道路線で，東京の南のターミナルである新橋と北のターミナルである上野を連絡する市内縦貫鉄道のうち，浜松町付近（芝区新銭座町）から分岐し中央停車場（麹町区永楽町）へいたる高架鉄道のことである。工事は1896（明治29）年より調査が開始され，1900（明治33）年に基礎工事に着手，途中で日露戦争などによる中断があったものの1909（明治42）年に烏森停車場（現・新橋駅）が開業し，1914（大正3）年に東京駅を含む全線が開通した。

写真1.2は新永間市街線の煉瓦高架橋を示したもので，この時に建設されたアーチ橋の径間数は合計153径間に達した。また，当時の記録には「煉瓦は特に抗圧力強大なるものを必要とするを以て，主として機械抜焼過一，二等品を用ひ，就中拱は圧力一平方尺に付約十二噸に達するを以て特に優良品を撰み使用せり。」[17]とあり，本格的な煉瓦アーチ高架橋を都市内に建設するという試みにあたって，その素材である煉瓦に対して特段の品質を求めていた。「高架鉄道用並形煉化石仕様書」はこうした背景の下に制定されたもので，煉瓦の寸法を明記したこと，寸法に許容誤差を与えたこと，外観のみならず重量，吸水量，抗圧強といった定量的な基準を示したこと，煉瓦の品質を3等級に分類したことなど，後に制定された煉瓦の品質管理基準の基本となる項目がほぼ網羅されていた。なお，「抗圧強」とは圧縮強度の一種であるが，加圧時に最初の亀裂が生じた時の圧縮応力を示すもので，現在用いられている降伏時の強度を示すものではない。

1.3.3　鉄道国有化以前におけるその他の規格

　全国の鉄道が国有化された1907（明治40）年以前における鉄道用煉瓦の検査基準としては，先に紹介した1891（明治24）年11月18日付・甲第1137号達があった。その存在は，国有化後の1911（明治44）年に制定された「並形煉化石仕様書並検査方法」がその改訂として位置付けられていたことからも存在自体は疑いないが，原文は未発見のため詳細は明らかでない。一方，1903（明治36）年頃に行われたトンネル修繕工事の報告には「高架鉄道用並形煉化石仕様書」と異なる基準が登場しており[18]，あるいはこれが1891(明治24)年の達に該当するのかもしれない。この仕様書では，「高架鉄道用並形煉化石仕様書」では示されていなかった検査の際の検収方法について明記していることが注目されるほか，外観検査および吸水比，比重によって品質管理を行うこととしていた。しかし，新永間市街線の仕様書で示されたような強度に基づく品質管理は行われておらず，この点も，こうした試験法が一般化する以前（すなわち明治20年代中葉以前）に制定された仕様書ではないかと推定する根拠のひとつである。

1.3.4　「並形煉化石仕様書並検査方法」の制定

　1906（明治39）年から翌年にかけて行われた鉄道国有化は，鉄道技術における全国的な規格統一を促す最大の契機となった。鉄道国有化の目的のひとつは，各社まちまちであった全国の幹線網を国有化することによって，円滑な鉄道輸送を確保することにあり，とくに鉄道による軍事輸送を行っていた軍部の強い要請に基づくものであった。もちろん，車両などはそれ以前より直通しても支障がないように設計されてはいたが，各社で微妙に異なる仕様を用いていたレールの断面やトンネルの断面，橋梁の設計荷重などは統一した規格への移行がただちに求められた。そして，これを機会に輸送量の増大や車両の大型化に対応した建設基準へと改訂され，鉄道院による鉄道技術の一元管理体制が整えられたのである。

　煉瓦においても，1911（明治44）年7月28日付・達第563号で，1891（明治24）年の甲第1137号達が廃止され，「並形煉化石仕様書並検査方法」が新たな規格として定められた。この改訂では，煉瓦の種類を寸法によって「第一種」と「第二種」に大別したのが特徴で，このうち第一種は"東京形"と，また第二種は"高架鉄道用並形煉化石"と同寸であった。なぜこの仕様書で2種類の寸法を規定したのかは明らかではないが，当時，広く流通していた東京形を全国的な標準寸法として位置付けるとともに，工事が進捗していた新永間市街線で使用している煉瓦についても，仕様書上の併存を図る必要性があったのではないかと思われる。

一方，品質については"高架鉄道用並形煉化石"と同じ考え方で一等品から三等品の3種類に分類され，吸水量，外観，耐圧強によって区分されていた。

このほか，鉄道国有化の直後における鉄道用煉瓦の検査基準の中には，本庁が制定した検査方法とは別に，いくつかのローカルな基準が存在していたようで，鉄道院東部鉄道管理局（関東北部から東北地方の鉄道を分掌した地方管理局で，上野，両国，福島，仙台，青森，秋田に運輸事務所があった）は，「並形煉化石仕様書並検査方法」が制定される半年前に，独自の仕様書を制定していた[19]。

また，現在の陸羽西線（新庄〜酒田間），陸羽東線（小牛田〜新庄間）の前身となった新庄線の建設では，文言は多少異なるものの同時期に制定された「並形煉化石仕様書並検査方法」にほぼ準じた煉瓦の品質基準が「工事材料・第三条」[20]として規定されていた。この示方書で注目される点は，煉瓦の使用個所によって異なる品質の煉瓦を使い分けており，トンネル覆工やアーチ部，表積みに用いる煉瓦は，強度の高い一等品または二等品を使用することとしていた。

1.3.5 「土工其ノ他工事示方書標準」の制定

土木工事に関わる施工上の基本的な細目を定めた示方書は，各線区ごとに請負業者との間で交わされていたが，これらをすべて体系化した最初の示方書が1917（大正6）年10月22日付・達第1060号で制定された「土工其ノ他工事示方書標準」であった。この標準は，その後，幾多の改訂を経て今日のJR各社の「土木工事標準示方書」へと継承されることとなるが，その原型をなしたという点で一時代を画す存在となった。

「土工其ノ他工事示方書標準」では，煉瓦の寸法が東京形と同寸の1種類のみとなり，品種も2種類しか示されていないほか，検査の際の具体的なサンプリング方法や耐寒試験法も削除されてしまったのが特徴である。おそらく，前回の「並形煉化石仕様書並検査方法」が細かい規定を盛り込み過ぎて，しばしば納入業者との間でトラブルを起こしていたことから，全体に簡略化を図ったのではないかと考えられるが，制定にいたる具体的な経緯が残っていないため定かではない。また，露出部用と内部用は「並形煉化石仕様書並検査方法」で二等品と三等品に定められた基準をそのまま適用したほか，目地の厚さを含めて先述の新庄線における工事示方書の内容と類似したものとした。さらに，表積みと裏積みを明確に区分しており，耐久性が要求される表積みの煉瓦には吸水率が低く強度の強いものを使用し，裏積みとして用いる煉瓦は多少のひびや歪みを許容した。

表1.3 鉄道における煉瓦の品質管理基準の変遷

基準	等級	寸法（長さ×幅×厚さ）	乾燥重量	吸水量（率）	耐圧（圧縮）強度	比重
高架鉄道用並形煉化石仕様書 1901（明治34）年10月 ※強度は「抗圧強」	一等	7寸4分×3寸6分×1寸9分 (224.2mm×109.1mm×57.6mm)	630匁以上 (2362.5 g)	16.7%以下	50頓/平方尺以上 (54.5kg/cm²)	—
	二等			16.7%以下	45頓/平方尺以上 (49.0kg/cm²)	
	三等			20.0%以下	35頓/平方尺以上 (38.1kg/cm²)	
隧道工事修繕仕様書 1903（明治36）年頃?	焼過	—	—	10.0%以下	—	1.7以上
	並焼			16.7%以下	—	
並形煉化石仕様書並検査方法 1911（明治44）年7月	一等	第1種：7寸5分×3寸6分×2寸 (227.3mm×109.1mm×60.6mm) 第2種：7寸4分×3寸6分×1寸9分 (224.2mm×109.1mm×57.6mm)	第1種：660匁以上 (2362.5 g) 第2種：620匁以上 (2325.0 g)	12.0%以下	150頓/平方尺以上 (163.4kg/cm²)	—
	二等			14.0%以下	130頓/平方尺以上 (141.6kg/cm²)	
	三等			17.0%以下	100頓/平方尺以上 (108.9kg/cm²)	
土工其ノ他工事示方書標準 1917（大正6）年10月	露出部用	7寸5分×3寸6分×2寸 (227.3mm×109.1mm×60.6mm)	660匁以上 (2362.5 g)	14.0%以下	130頓/平方尺以上 (141.6kg/cm²)	—
	内部用			17.0%以下	100頓/平方尺以上 (108.9kg/cm²)	
JES「普通煉瓦」 1925（大正14）年9月	上焼（一等）（二等）	210mm×100mm×60mm ※一等ハ形状良好ニシテ割レ又ハ疵極メテ少キモノ 二等ハ形状普通ニシテ大ナル割レ又ハ疵ナキモノ	—	14.0%以下	150.0kg/cm²以上	—
	並焼（一等）（二等）			18.0%以下	100.0kg/cm²以上	
JIS「普通煉瓦」 1995（平成7）年5月改	4種	210mm×100mm×60mm	—	10.0%以下	300.0kg/cm²以上	—
	3種			13.0%以下	200.0kg/cm²以上	
	2種			15.0%以下	150.0kg/cm²以上	

1.3.6 JESの制定

わが国における工業材料の規格統一への動きは，1919（大正8）年に農商務大臣のもとに度量衡および工業品規格統一調査会が設置されたことに始まる。この調査会では，メートル単位系への統一や工業標準化のための審議機関の設置を答申し，これを受けて1921（大正10）年に工業品規格統一調査会が設立された。工業品規格統一調査会で決定された規格は，JES（日本標準規格：Japanese Engineering Standard）として公表されたが，その内容はすでに官公庁などの大

口需要者が定めていた規格や仕様書に準拠したものが多かったと言われている。煉瓦の規格化を検討する部会の委員は，14名の委員と3名の幹事により構成され，鉄道省からも工務局長・岡野昇と大臣官房研究所長・那波光雄が参画していた。

委員会における審議内容の中間報告は大蔵省技師・大熊喜邦によって行われており，煉瓦の寸法を現在よりも大きくすることは焼成が不十分となり取扱いも不便であること，寸法のうち幅については煉瓦工場で働く女性作業員の手の大きさを考慮すると縮小した方が扱いやすいこと，厚さを厚くすると火が通らず，薄くすると変形しやすくなること，メートル法の導入を前提として端数が生じないようにすることなどが考慮された。また品質等級は，各煉瓦工場でまちまちに分類されていた等級区分を勘案して4等級に区分した。

このようにして作成されたJES「普通煉瓦」は，1925（大正14）年9月18日付・商工省告示第12号で告示されたが，鉄道省の「土工其ノ他工事示方書標準」と比較すると，単位系をメートル法に合わせて切りの良い数字で丸めているものの，吸水量と耐圧力の値はほぼ同様の値を示しており，鉄道省の規格がベースのひとつになっていたことを物語っている。そして，1929（昭和4）年5月11日付・達第373号で鉄道省の規格としても正式に採用されたが，この時点ですでに鉄道構造物は煉瓦からコンクリートの時代へ移行しており，苦労の末に制定された全国統一規格も実際の現場ではほとんど適用する機会がなかったものと考えられる。

なお，**表1.3**は，鉄道分野における煉瓦の品質管理基準の変遷を示したものである。

1.4 まとめ

本章では，わが国における煉瓦の製造史を通観し，鉄道建設がそれにどのように関わってきたのかを振り返った。

わが国における煉瓦の国産化が，幕末から明治初期の短期間に行われた背景には，煉瓦の製造自体がセメント製造や製鉄のように特殊な技術や設備を要しなかったことや，煉瓦の原料となる粘土や砂が比較的容易に入手できたことなどが挙げられるが，堺における最初の鉄道用の煉瓦製造にも見られたように，陶器や瓦の製造といったわが国古来の窯業技術が存在していたことも重要な要素であった。鉄道においてはごく初期の段階で雇外国人の指導を受けたものの，明治10年代には製造，施工技術ともほぼ自立していたと考えられる。

煉瓦導入の初期段階では，現場の近傍に煉瓦製造のための工場が設置される傾

向があったが，それらのほとんどは一時的な仮設工場に過ぎず，地場産業として土着したものはわずかであった。その後，明治20年代にホフマン式輪窯が広まって煉瓦の大量生産ができるようになると企業化が進み，有力な煉瓦製造業者により品質や価格の安定した煉瓦が鉄道輸送を通じて供給されるにいたった。また，こうした煉瓦の製造業者にとって，鉄道分野は継続的に需要を見込むことができる"お得意様"であったと考えられる。

鉄道と煉瓦の関わりについては，明治期における鉄道が社会・経済におよぼした影響を総括した『本邦鉄道の社会及経済に及ぼせる影響』の中でも「煉瓦製造業は維新後洋式建築其他の建築工事及土木事業の増加するに従ひて漸次発展し，殊に地方に於ては鉄道敷設工事の為め，其付近に小工場の新設せらる、等，逐年産額の劇増を来し，近年に於ては左表に示す如き盛況を見るに至れり。」「一旦鉄道工事の如き大事業の起るや適宜其方面に製造所を設置し，之が需要に応じたるも，之等は都市に接近せるもの、外は，殆んど其工事の竣成と共に廃業に帰するもの多し。而して大規模の工場に在りては，漸次附近に於ける原料土の欠乏を感じ，彼の堺市に於ける大阪窯業会社工場が，南海鉄道を利用して其沿線地より原料土の供給を仰ぐに至れるが如き其一例なりとす。」[21]と言及されており，鉄道が原材料の供給や製品の出荷にあたって煉瓦産業と深く関わってきたことを記している。

また，初期の煉瓦業界は，ほとんど無規格のまま生産が先行し，規格化の必要性が指摘されながらもなかなか統一するにはいたらなかったが，こうした情勢の中で鉄道は，1907（明治40）年の鉄道国有化によって全国の主要幹線が国の所有になるとただちに技術基準類の統一に着手し，発注者側の論理による煉瓦の品質管理基準や施工管理基準の統一が図られるようになった。そして，このような技術基準類の整備を通じて，"標準規格""品質管理""施工管理"といった経営工学的な概念が現場にも浸透し，全国一律の技術基準による技術力の維持・向上が図られたものと考えられる。

このように，鉄道は煉瓦の生産，品質管理，流通，消費といったすべての段階で重要な役割を果たし，鉄道の建設と煉瓦産業の発展は表裏一体となってわが国の近代工業社会を支えたのである。

[第1章　註]
1)『日本鉄道請負業史──明治篇──』鉄道建設業協会，1967，p.11
2) 堀越三郎「明治建築史料その儘（Ⅱ）」『日本建築士』Vol.10，No.2，1932，p.91
3) "brick"の対訳としての"煉瓦"については，杉山英男「「煉瓦」という名称が慣用

化される迄の変遷に就て——煉瓦出現当時の関心と認識——」『日本建築学会研究報告（昭和27年度研究会）』No.19，1952に詳しい
4) 前掲2)，p.91
5) 1874（明治7）年12月25日付「二．新橋局人足怠惰云々ホーイル申立ノ件」参照。同文書は，『鉄道寮事務簿・巻第二十四』（交通博物館所蔵）に収録されている。同文書については，山田直匡『お雇い外国人④交通』鹿島研究所出版会，1968，pp.83～89でも言及されている
6) 大島盈株「従東京新橋至横浜野毛浦・鉄道諸建築箇所分費用綱目（鉄道寮）」『建築雑誌』No.230，1906，pp.94～95による
7) 諸井恒平『煉瓦要説』博文館，1902，pp.9～10による
8) 前掲1)，pp.17～18による
9) ポッター著，原田勝正訳「日本における鉄道建設」『汎交通』Vol.68, No.10, 1968, p.10（原著は，Potter, W.F., "Railway work in Japan", *Min. of Proc. of I.C.E.*, Vol.56, Sect.Ⅱ, 1878-1879）
10) Brunton, R.H., "Constructive Art in Japan", *Trans. of Asiatic Soc. of Japan*, Vol.Ⅲ, Part Ⅱ, 1875, p.24
11) 本表は，河野天瑞「荒川鉄橋建築工事報告第二」『工学会誌』No.49，1886，白石直治「関西鉄道工事略報」『工学会誌』No.84，1888，菅原恒覧『甲武鉄道市街線紀要』甲武鉄道，1896，那波光雄「関西鉄道木津川橋梁」『鉄道協会誌』Vol.1, No.1, 1898，小城齋「奥羽線福島米沢間の鉄道」『帝国鉄道協会会報』Vol.1, No.4, 1899，石丸重美「官設鉄道篠ノ井線建設事業之概要」『帝国鉄道協会会報』Vol.1, No.5, 1900，奥平清貞『隧道修繕工事』京都帝国大学土木工学科卒業論文，No.13，1903，「官設鉄道中央東線笹子隧道工事報告（承前）」『帝国鉄道協会会報』Vol.5, No.3, 1904，渡邊信四郎「碓氷嶺鉄道建築畧歴」『帝国鉄道協会会報』Vol.9, No.4, 1908，大河内甲一「矢岳隧道」『工学会誌』No.331，1910，『宇野線建設概要』鉄道院岡山建設事務所，1910，『大分線建設概要』鉄道院大分建設事務所，1911，森早苗「萬世橋停車場建築工事概要」『帝国鉄道協会会報』Vol.13, No.2, 1912，『網走線建設概要』鉄道院北海道建設事務所，1912，『山陰線建設概要』鉄道院米子建設事務所，1912，『富山線鉄道建設概要』鉄道院富山建設事務所，1913，『下富良野線建設概要』鉄道院北海道建設事務所，1913，『萬字線建設概要』鉄道院北海道建設事務所，1914，「横浜停車場工事概要」『業務研究資料』Vol.3, No.6, 1915，森早苗「東京市街高架鉄道建築概要」『帝国鉄道協会会報』Vol.16, No.1, 1915，金井彦三郎「東京停車場建築工事報告（一）」『土木学会誌』Vol.1, No.1, 1915，『酒田線建設概要』鉄道院新庄建設事務所，1915，『湧別線建設概要』鉄道院北海道建設事務所，1916，『船川線軽便鉄道工事概要一斑』鉄道院東部鉄道管理局秋田保線事務所，1916，「陸羽東線建設工事概要」『帝国鉄道協会会報』Vol.19, No.1, 1918，『浜田線鉄道建設概要』鉄道省米子建設事務所，1921，『大津京都間線路変更工事誌』鉄道省神戸改良事務所，1923，『丹那隧道工事誌』鉄道省熱海建設事務所，1936，『日本鉄道請負業史——明治篇——』鉄道建設業協会，1967の各記述に基づく
12) 久保栄『のぼり窯』新潮社，1952
13) 『国鉄の回顧——先輩の体験談——』日本国有鉄道，1952，p.181。この回想は，北村悦子「技術の風土記・会津喜多方の煉瓦蔵発掘」（『普請研究』第13号）普請帳研究会，1985によっても裏付けられている

14)『東京市史稿・市街編（54）』東京都，1963，pp.824〜825参照
15)『東京市史稿・市街編（52）』東京都，1962，pp.877〜879参照
16) 例えば，増田禮作「煉瓦石トセメントモルターノアドヒーシフパワー試験報告」『工学会誌』No.125，1892など
17) 森早苗「東京市街高架鉄道建築概要」『帝国鉄道協会会報』Vol.16，No.1，1915，p.32
18) 奥平清貞『隧道修繕工事』京都帝国大学土木工学科卒業論文，No.13，1903（ページなし）（京都大学工学部土木工学科所蔵）参照
19)「並形煉化石仕様書一定方ノ件（明治43年12月8日付・鉄東工戊第1448号）」『東部鉄道管理局規程類抄（全）』鉄道院東部鉄道管理局，1911，pp.106〜107参照
20) 八田嘉明「新庄線隧道工事」『土木学会誌』Vol.1，No.6，1915，p.2234参照
21)『本邦鉄道の社会及経済に及ぼせる影響』鉄道院，1916，pp.180〜207

第2章

煉瓦の寸法と組積法

2.1 はじめに

　煉瓦構造物は，その最小単位である"オナマ"と呼ばれる煉瓦を縦方向または横方向に積むことによって完成する。ひとつひとつの煉瓦は，煉瓦職人の手作業によって丁寧に積まれ，モルタルを介して接合することによってはじめて構造部材として機能するのである。煉瓦構造物がその役割を果たすためには，何よりも強度に優れている必要があり，構造上の弱点となる芋目地は極力避けることが望ましいとされた。このため，イギリス積み，フランス積み，長手積み，小口積みと呼ばれる様々な組積法が経験的に編み出され，今日にいたっている。

　こうした煉瓦の組積法が，実際の煉瓦構造物に対してどのように適用されてきたのかは，すでに建築史の分野で明らかにされており，前野嶤はフランス積みの煉瓦建築が1884（明治17）年前後より以前に見られ，イギリス積みの煉瓦建築が1875（明治8）年以降に現れるとし，明治10年代末期がフランス積みとイギリス積みの交代期であると結論づけた[1]。一方，村松貞次郎は，前野との共同研究により抽出した41例の調査結果から，およそ明治10年代中期を境としてフランス積みからイギリス積みへと移行するとし，前野の説を補正・支持した。その理由について，明治初期における外国人建築家の指導の時代から，工部大学校などの出身者を中心とする邦人建築家へと転換する時期と重なっていることを指摘し，高等教育機関における建築教育の充実が何らかの影響をおよぼしていた可能性を示唆した[2]。

　また水野信太郎は，フランス積みが明治初期の建築に用いられた理由として，外国人技術者が来日する前に携わっていたであろう東アジア地域の煉瓦建築に影響された可能性を示唆するとともに，フランス積みに比べてイギリス積みの方が容易に施工できるため，この組積法が明治10年代半ば以降に普及したのではないかと指摘した。さらに，煉瓦の導入期にわが国の煉瓦職人が，より複雑な組積法

であるフランス積みを学習する機会を得たことは、煉瓦積みを丹念に行うための技術を習得するうえで好ましい結果をおよぼしたと考察した[3]。

こうした近代建築を対象とした研究事例に対し、土木構造物におけるその変遷や適用条件はほとんど未解明のままで、果たして近代建築で認められているような事実がそのまま土木分野にもあてはまるのかどうかでさえも明らかではなかった。そこで本章では、まず基本となる煉瓦の寸法を実測調査によって明らかにするとともに、土木分野における組積法の適用区分や分布、編年による変化、特殊な組積法などについて現地調査により把握してみたい。

2.2 煉瓦の寸法

2.2.1 煉瓦の形

煉瓦の形は、長方形をした"オナマ"と呼ばれる標準寸法の煉瓦を基本とし、目地を介してこれを縦横に組み合わせることによって構造物が完成する。しかし、コーナーを"ツライチ（面一）"にそろえるためにはどうしても"オナマ"以外の寸法による煉瓦を用いなければならないため、端物と呼ばれる調節用の煉瓦が用いられる。端物は、図2.1に示すように"オナマ"を基準としてこれを縦または横に分割してできたもので、その形状によって"羊羹""半羊羹""半桝""七五""二五分"などと呼ばれている。"オナマ"の各面は、それぞれ"小口""長手""平"と呼ばれるが、煉瓦構造物を施工する際には原則として"平"の面を

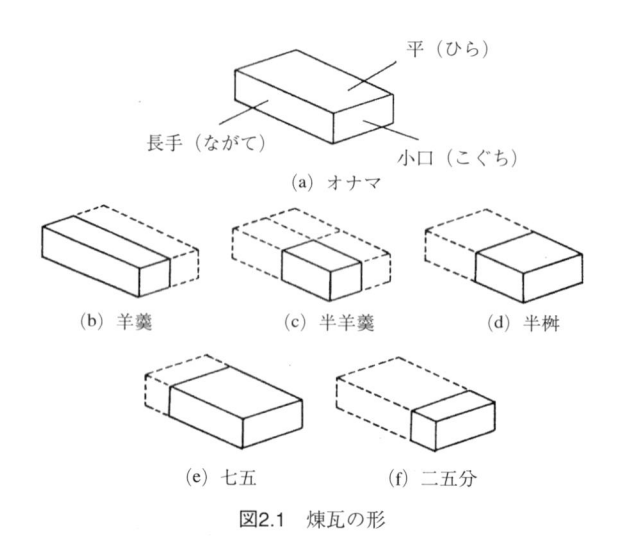

(a) オナマ
平（ひら）
長手（ながて）
小口（こぐち）

(b) 羊羹
(c) 半羊羹
(d) 半桝
(e) 七五
(f) 二五分

図2.1　煉瓦の形

第2章　煉瓦の寸法と組積法　　41

天地に向ける。そして縦横に組み合わせた時に半端な寸法が生じないように，目地の厚みなどを考慮して長さ：幅：厚さの比がおおむね4：2：1前後となるような寸法が設定される。

　煉瓦にはこのほか，異形煉瓦と呼ばれる特殊な形状の煉瓦があり，これは図2.2のようにはじめから長方形以外の形に煉瓦を整形して焼成したものである。異形煉瓦の中でも橋脚基礎のウェル（井筒）に用いられる煉瓦は，1.3.1でも触れたようにごく早い段階で規格化が行われ，1896（明治29）年8月31日付・鉄工第1749号で早くも「『ウェル』使用異形煉瓦雛形ノ件」としてその標準寸法が制定されたほか，1897（明治30）年1月22日付・鉄工第109号で「『ウェル』使用小楕円形煉瓦配置及『カーブシュウ』ノ件」として小楕円形ウェルの規格が，同年4月22日付・鉄工第755号では「『ウェル』使用円径九呎及十二呎煉瓦配置図ノ件」として，円形径9フィート（2.74m）および12フィート（3.66m）のウェルの規格がそれぞれ制定された。

　煉瓦の最小単位とも言うべき"オナマ"の寸法については，これまでロイド（Lloyd, Nathaniel）[4]，村松貞次郎[5]などの研究事例があり，実測結果に基づいてその編年あるいは地域による傾向を分析した。今回の調査にあたっては，明治～大正期に建設された全国各地の鉄道構造物1,303カ所，延べ1,526データの実測結果に基づき，"オナマ"の長さ，幅，厚さの三要素についてデータベースとして整理した[6]。カ所数とデータ数が異なるのは，同一構造物でも後の複線化工事や部分的な増改築などによって異なる煉瓦が使用されたと推定される場合，複数の部位について測定を行ったためである。また煉瓦の寸法は，製造時にある程度のバラツキが生じるため，1データにつき10個の煉瓦から採寸し，その平均値をもってその構造物に用いられている煉瓦の代表寸法として扱った。なお，個々の煉

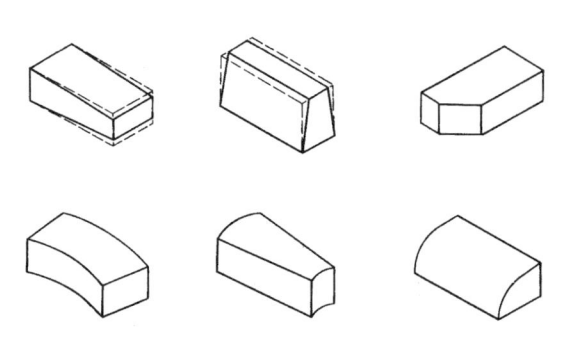

図2.2　異形煉瓦の形

瓦の製造年については厳密に特定しがたいため，各線区の開業年をもって製造年として整理したほか（線路増設側の煉瓦については増設時の開業年），第1線と第2線の識別が困難なものや，後に増改築されたと推定される構造物など，年代が明確でない構造物については編年の分析から除外することとした。

2.2.2 煉瓦寸法の分類

寸法を指標として煉瓦を定量的に分類する方法として，クラスタ分析を用いた。クラスタ分析は，類似性を持つ個体同士を数値的に判断し，部分集団を形成させながら分類を行おうとする分析手法である。今回は煉瓦の長さ，幅，厚さの3要素について，三次元空間における最短距離にあるものから順番にクラスタを形成させることとした。分析結果はデンドログラムとして整理し，このうち一定以上の距離を持つものを恣意的に抽出して表2.1に示す7群15グループに分類した[7]。

図2.3は，全国における各群のシェアを示したもので[8]，Ⅲ群が全体の38％，Ⅴ群が全体の34％を占めており，この両者はほぼ拮抗した勢力であることがわかる。これに対してその他のグループはいずれも10％以下のシェアしかなく，どちらかと言えば特殊な寸法であったと考えられる。

また図2.4は，各群の地方別のシェアを，図2.5は5年ごとに区分して編年によるシェアの変化を示したものである。以下，それぞれの特徴について，大高庄右衛門が1905（明治38）年に発表した関西地方の煉瓦寸法（表2.2）[9]との対比を交えながら考察すると，下記のように整理することができる。

(1) Ⅰ群

Ⅰ群は，長さ，幅とも大きく，また厚さが70〜80mmと群を抜いて厚肉なプロポーションを持つグループで，体積も2,000cm^{3}に達するなど，わが国の煉瓦としては最大級の大きさを誇る（大高の分類にはこの大きさの煉瓦は登場しない）。

Ⅰ群の分布は，図2.6に示すように中部地方と近畿地方に偏っており，とくに東海道本線の静岡県西部（浜松付近）から滋賀県中部（野洲付近）にかけて集中して見られる。また，新潟県下にも1カ所（信越本線・旧坂口新田トンネル）のみ煉瓦が存在しており，写真2.1に示す小口のアルファベットの刻印が，写真2.2に示すように東海道本線沿線の煉瓦構造物（旧半場川橋梁）にも共通して見られることから，同系統の煉瓦と判断される。信越本線上田〜直江津間は中山道鉄道に対する工事用資材運搬線として位置付けられた経緯があり，地理的に考えて東海道線建設に用いられた資材が敦賀あたりから海路で直江津付近へ運ばれたものと推定される。

表2.1 クラスタ分析に基づく煉瓦の分類

分類		データ数	平均寸法(mm)			平均体積 (cm³)
			長さ	幅	厚さ	
I		36	228.1	112.3	76.2	1952.6
II		88	220.1	105.7	68.2	1587.6
	II-1	(7)	224.9	109.4	70.3	1729.1
	II-2	(67)	220.0	105.6	68.3	1588.0
	II-3	(14)	218.3	104.3	66.5	1514.8
III		579	224.3	107.2	58.8	1415.2
	III-1	(59)	226.0	108.5	61.1	1499.7
	III-2	(520)	224.1	107.1	58.6	1405.6
IV		144	227.8	110.6	56.0	1412.9
	IV-1	(21)	232.4	112.8	60.2	1577.9
	IV-2	(3)	239.3	116.2	54.0	1501.4
	IV-3	(120)	226.7	110.1	55.4	1381.8
V		516	222.6	106.3	54.7	1295.4
	V-1	(254)	222.3	106.1	56.0	1320.2
	V-2	(262)	223.0	106.5	53.5	1271.5
VI		109	218.6	104.3	51.2	1168.5
	VI-1	(55)	220.9	106.2	51.1	1199.3
	VI-2	(54)	216.3	100.6	50.4	1116.9
VII		54	213.3	101.5	55.4	1199.0
	VII-1	(11)	210.4	100.0	57.2	1203.9
	VII-2	(43)	214.1	101.8	54.9	1197.8

表2.2 関西地方における煉瓦の寸法

	長さ	幅	厚さ
並形	7寸4分 (224.2mm)	3寸5分 (106.1mm)	1寸7分5厘 (53.0mm)
東京形	7寸5分 (227.3mm)	3寸6分 (109.1mm)	2寸 (60.6mm)
作業局形	7寸5分 (227.3mm)	3寸6分 (109.1mm)	1寸8分5厘 (56.1mm)
山陽新形	7寸2分 (218.2mm)	3寸4分5厘 (104.5mm)	1寸7分 (51.5mm)
山陽形	7寸5分 (227.3mm)	3寸5分5厘 (107.6mm)	2寸3分 (69.7mm)

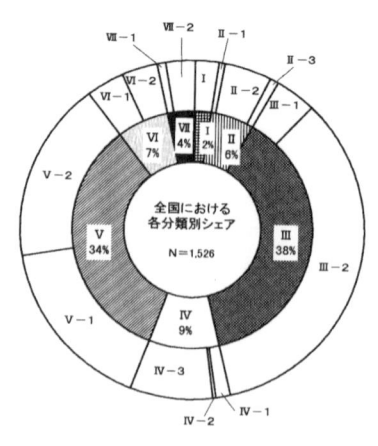

図2.3 全体のシェア

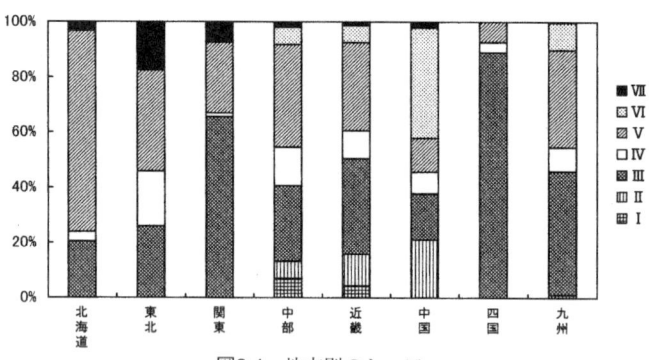

図2.4 地方別のシェア

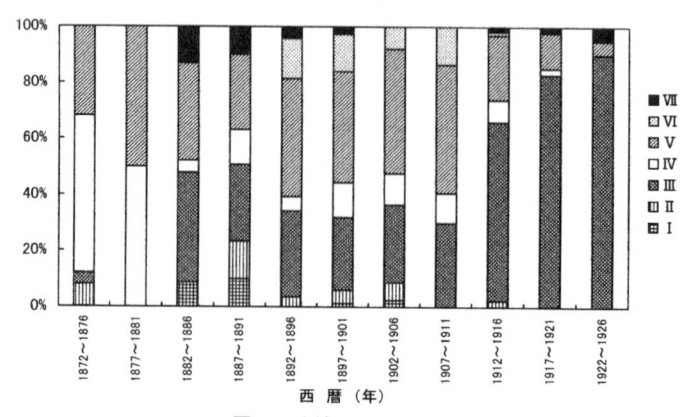

図2.5 編年ごとのシェア

図2.6　I群の分布

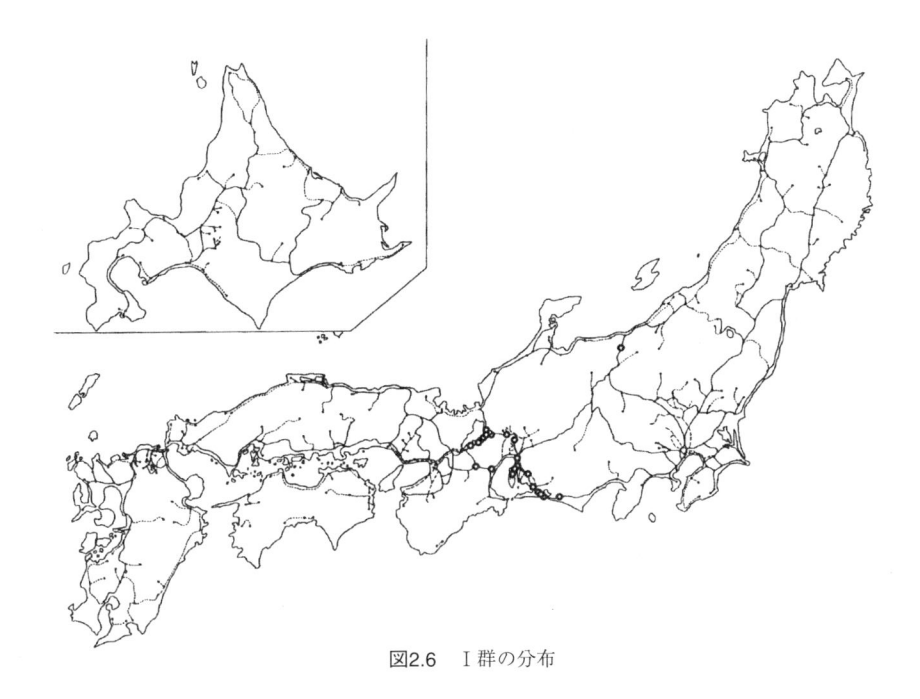

写真2.1　旧坂口新田トンネル
（妙高高原〜関山）の煉瓦刻印

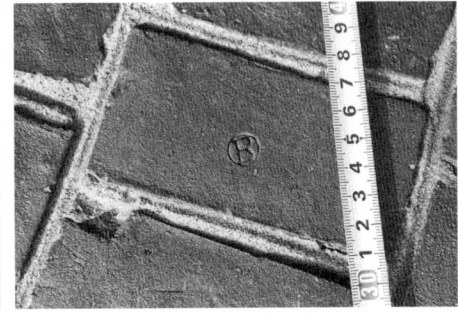

写真2.2　旧半場川橋梁
（豊田町〜天竜川）の煉瓦刻印

(2) II群

II群は，長さ，幅とも平均的な寸法であるが，厚さが65〜70mmとI群に次いで厚肉なグループである。このうち，長さ，幅，厚さとも最も大きいグループをII-1，長さと厚さがやや大きいものをII-2，長さ，幅，厚さが小振りなものをII-3と細分化した。

II群の分布は，図2.7に示すようにI群を包含する形でその東西の周縁部に分布しているのが特徴で，静岡県東部（富士付近）〜静岡県西部（新所原付近），

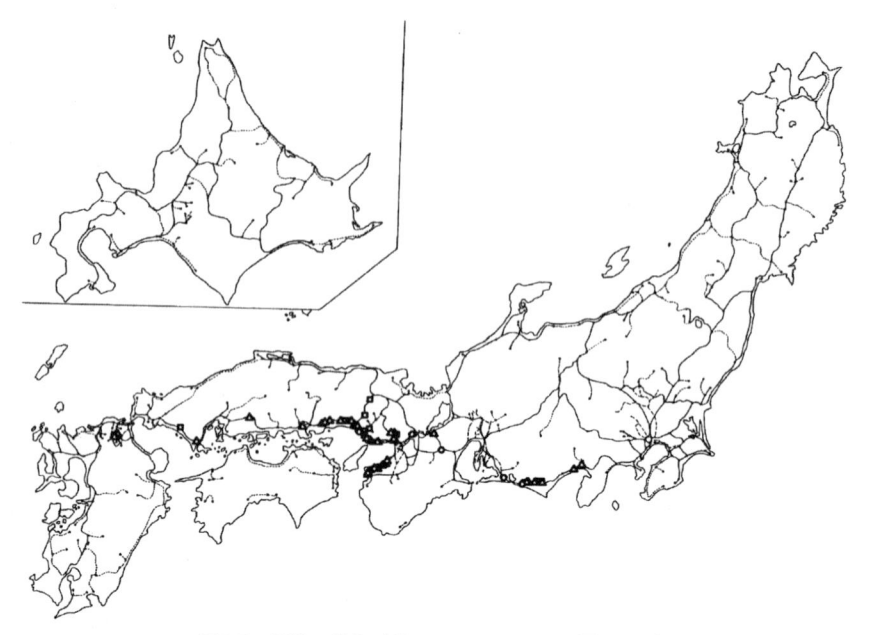

図2.7　Ⅱ群の分布（○：Ⅱ-1，△：Ⅱ-2，□：Ⅱ-3）

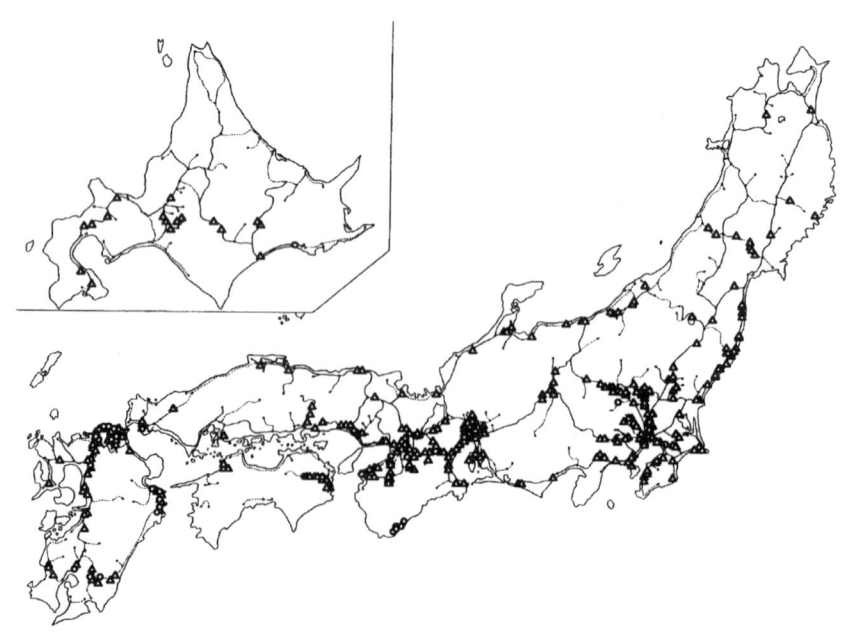

図2.8　Ⅲ群の分布（○：Ⅲ-1，△：Ⅲ-2）

滋賀県西部（野洲付近）～岡山県中部（東岡山付近）に集中している。東海道本線，山陽本線以外では，これらの路線の支線群である福知山線，加古川線，高砂線，播但線にも分布しており，関西本線や南海電鉄南海本線の第1線側にも用いられている。Ⅱ群の寸法は大高の分類における山陽形に対比できるが，分布域が山陽本線神戸～岡山間に顕著であることからもその建設にあたってできた規格であることが裏付けられ，一部が東海道本線でも流用されたのではないかと考えられる。

(3) Ⅲ群

　Ⅲ群は，長さ，幅とも平均的な寸法であるが，厚さが60mm前後とやや厚めなグループで，全体の約3分の1強を占めるデータがこのグループに属している。このうち，長さ，幅ともやや大きいものをⅢ-1とし，やや小さいグループをⅢ-2として細分化した。ことにⅢ-2は，520データと最も多いデータ数を数える。

　Ⅲ群の分布は図2.8に示すようにほぼ全国各地にわたっているが，大高の分類では，東京形に対比される寸法と考えられ，このためとくに関東一円で顕著に見られるほか，中京圏，関西圏，北九州地区にも集中して分布している。大高は，このⅢ群の寸法に相当する東京形への統一を訴えていた。その理由は並形に比べて寸法が大きいため同じ大きさの躯体をつくるにしても2割程度の数量を節約することができ，目地に使うモルタルの量や施工の手間を勘案すると東京形が経済的にも有利であるとするものであった。また，1.3.5で述べたように，1917（大正6）年には「土工其ノ他工事示方書標準」が制定され，その中で煉瓦の標準寸法を東京形と同寸に定めたため，こうした動きとともに最終的にはライバルである並形を凌駕するにいたったものと推察される。

(4) Ⅳ群

　Ⅳ群は，長さと幅がやや大きく，厚さは平均的な寸法を示すグループで，このうち厚さが60mm前後とⅢ群に近いものをⅣ-1とし，長さと幅のみが大きいものをⅣ-2，その他をⅣ-3と細分化した。

　大高の分類では，作業局形がこのⅣ群に該当すると考えられ，1874（明治7）年に開業した大阪～神戸間や，1876（明治9）年に開業した京都～大阪間にも分布する古い歴史を持つが，その後は継続して用いられるものの分布が広範囲におよんでいるため，系統的な発達は見られない。とくに顕著に見られる地域としては，図2.9に示すように東北地方，中部地方の日本海側，近畿地方があり，逆に北海道地方と関東地方，四国地方，北九州地区はごくわずかしか分布しない。

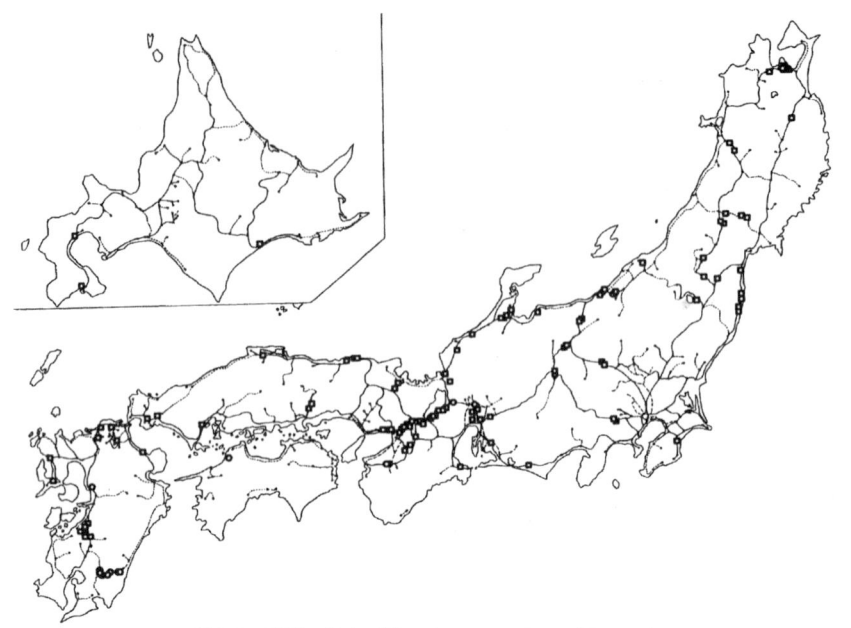

図2.9　Ⅳ群の分布（○：Ⅳ-1，△：Ⅳ-2，□：Ⅳ-3）

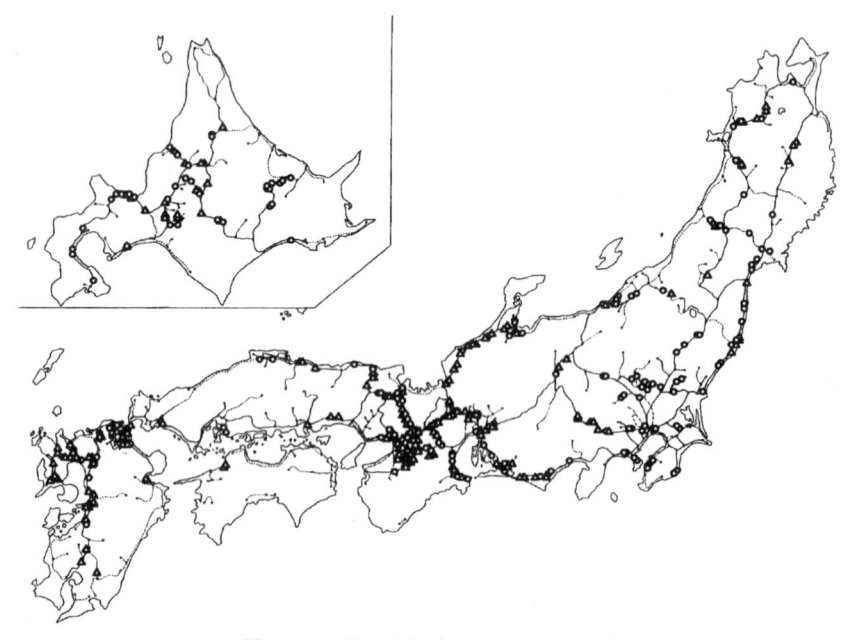

図2.10　Ⅴ群の分布（○：Ⅴ-1，△：Ⅴ-2）

(5) V群

　V群は，長さ，幅，厚さともほぼ平均的なグループで，Ⅲ群に次いでデータ数が多い。このうちやや厚さの厚いグループをV-1，厚さの薄いグループをV-2として細分化した。

　V群は大高の分類における並形に該当する寸法と考えられ，図2.10に示すように広範囲に分布してⅢ群とともに煉瓦の寸法を二分している。また，Ⅳ群と同様に大阪〜神戸間，京都〜大阪間の鉄道に分布する古い歴史を持ち，一時期は近畿地方を中心としてⅢ群を凌ぐ勢力を誇っていた。こうした両者の分布域の微妙な違いは，この2大勢力の間に地域ごとの"棲み分け"が成立していたことを示唆しているものと思われ，煉瓦工場や流通経路との関係を含めて今後の精査が必要であろう。

　大高は，1905（明治38）年現在における関西地方の状況について，関西では並形が安価と信じられているため鉄道などでは好んで使用され，関東地方の業者はほとんどが東京形を使用していると指摘したが，今回の分析もほぼそれを裏付ける結果となった。大高によれば，1903（明治36）年度のシェアは東京形68％に対して山陽新形を含めた並形は17％，翌年度は東京形74％に対して並形は14％となっており[10]，この時点で東京形の優位は明らかであったが，近畿地方の鉄道では廉価な並形にこだわって使用を続けたようである。しかし，大正時代に入ると並形は急速に衰退し，煉瓦の規格はほぼ東京形に統一されてしまうのである[11]。

(6) Ⅵ群

　Ⅵ群は，長さと幅はほぼ平均的かやや小さく，厚さが50mm前後と薄肉のグループで，体積も1,200cm³以下とⅠ群に比べて60％程度の体積（したがって重量も60％）しかない。このグループはさらに，長さと幅がほぼ標準的なⅥ-1と，長さも幅も小さいⅥ-2に細分化することができる。大高の分類では，山陽新形がこのⅥ群に該当すると考えられ，図2.11に示すように関東以北では数例しか確認されておらず，すべて中部地方以西に分布しているのが特徴である。

　このグループがまとまって生産されるのは1892（明治25）年以降で，これは山陽鉄道の建設に合わせて使用されたためと考えられる。そして，国有化後も宇野線などの支線群の建設や山陽本線の複線化などで再び用いられたが，大正時代に廃れてしまった。

(7) Ⅶ群

　Ⅶ群は，長さと幅が小さく，厚さは平均的なグループで，やや厚肉のⅦ-1とやや薄肉のⅦ-2に細分化される。大高の分類には該当する寸法が登場しないが，

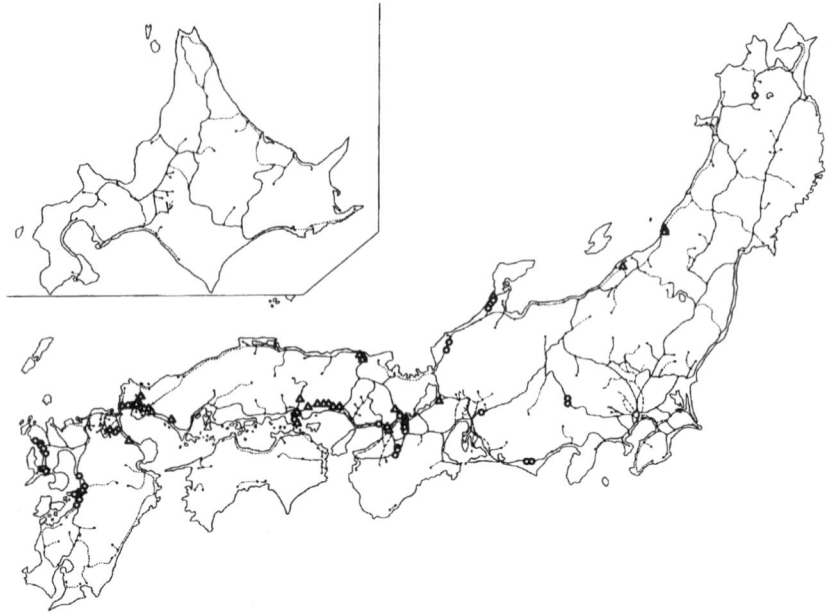

図2.11　Ⅵ群の分布（○：Ⅵ-1，△：Ⅵ-2）

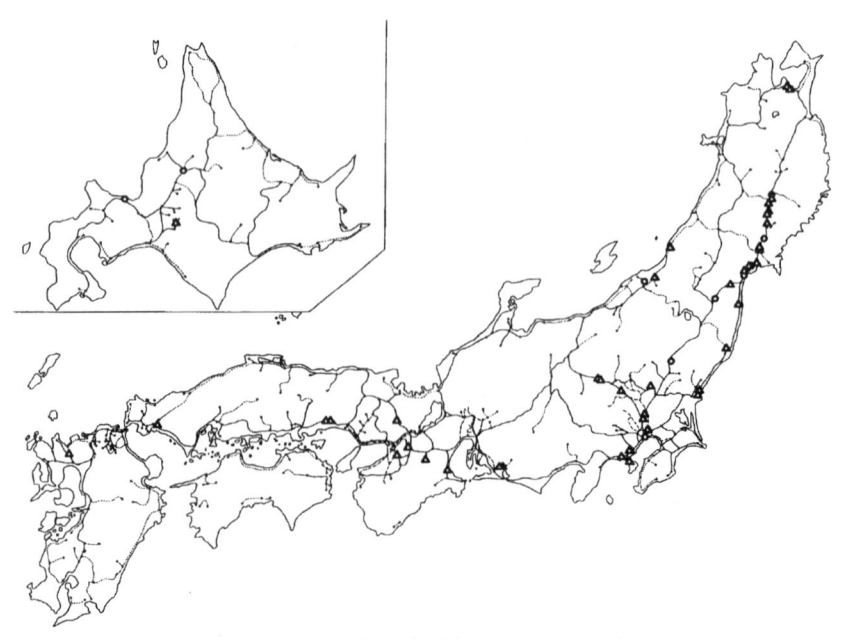

図2.12　Ⅶ群の分布（○：Ⅶ-1，△：Ⅶ-2）

JES「普通煉瓦」がこれに近い寸法である。

Ⅶ群の分布は，図2.12に示すように東北地方の太平洋側，関東地方に顕著で，とくに宮城県南部（東白石付近）～岩手県南部（花巻付近）の東北本線に集中している。東北本線の建設では，岩手県下の厨川や奥中山付近に小規模な煉瓦工場を設けながら自給しており，おそらくこうした工場ごとのローカルな規格として沿線にⅦ群が広まったのではないかと推察される。

2.3 煉瓦の基本的組積法とその適用条件

2.3.1 煉瓦の組積法

煉瓦の基本的な組積法にはいくつかの種類があるが，その代表的なものは図2.13に示す通りで，当時の文献に基づく適用区分や[12]，実際の構造物に見られる適用例についてまとめると下記のように示される。

(1) イギリス積み（English Bond）

イギリス積みは，図2.13(a)，(b)に示すように小口で構成される段と長手のみで構成される段が交互に積層する組積法で，芋目地ができにくいため強度的に優れているとされている技法である。しかも，1段ごとに煉瓦を積む方向が同じであるため効率的に施工することが可能で，トンネル，アーチ橋，橋梁下部構造，擁壁などほとんどの土木構造物に対して普遍的に適用されている。写真2.3は，名古屋鉄道名古屋本線・JR東海跨線橋に見られるイギリス積みのパターンを示したものである。

厳密なイギリス積みにおけるコーナーの仕上げは，図2.13(a)のように"羊羹"を用いるのが正しいが，後述のように実際の構造物における適用例はほとんどなく，多くの場合は図2.13(b)のように"七五"により長さを調整したオランダ積み（Dutch Bond）もしくはその変形タイプにより仕上げられている。これは，現場においてサイズの小さい"羊羹"よりも"オナマ"に寸法が近い"七五"の方が扱いやすかったためと推定されるが，明確な理由は明らかでない。なお本書では，コーナーの仕上げが明瞭でない構造物があることなどから，ここではオランダ積みを含めてイギリス積みと総称し，コーナーの仕上げが問題とされる場合のみイギリス積みとオランダ積みを使い分けることとした。

イギリス積みがあらゆる構造物に普遍的に採用された理由としては，当時の解説書や示方書類が原則としてこの手法を煉瓦の標準的な組積法と位置付けていたことが大きかったと考えられる[13]。ことに，1874（明治7）年に開業した阪神間の

(a) イギリス積み　(b) オランダ積み　(c) フランス積み

(d) 長手積み　(e) 小口（ドイツ）積み

図2.13　煉瓦の基本的な積み方

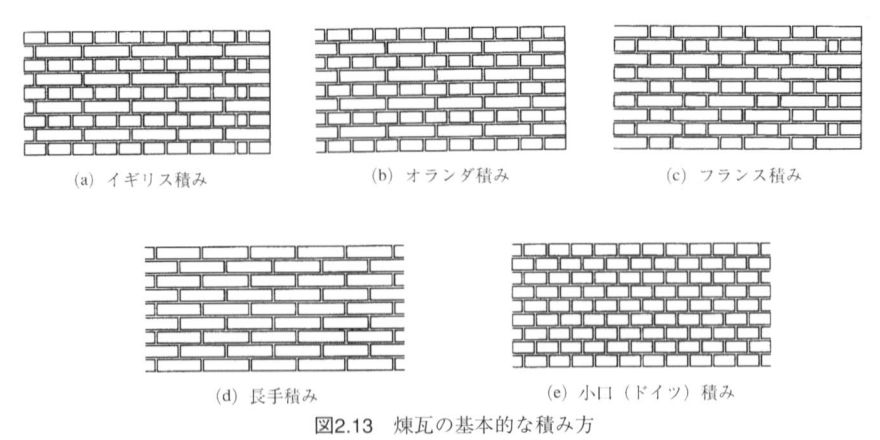

写真2.3　JR東海跨線橋（加納～新岐阜）のイギリス積み

写真2.4　旧芝山トンネル（河内堅上～高井田）のフランス積み

鉄道構造物では，すでにイギリス積みが基本的な組積法として用いられていることから，この技法が雇外国人の指導とともにわが国の鉄道構造物に適用され，工事の進捗とともに全国へ普及したと考えられる。

(2) フランス積み（Flemish Bond）

　フランス積みは，図2.13（c）に示すように小口と長手が同じ段の中で交互に並ぶ組積法で，解説書によれば内部に芋目地が生じやすいため，イギリス積みに比べて強度的に劣るとされた。また，施工にあたっては煉瓦の向きを1個ごとに変えなければならないため作業が煩雑となり，端物を多く必要とするという欠点があった。その反面，美観に優れているため，主として化粧積みとして用いられた。写真2.4は，関西本線・旧芝山トンネルに見られるフランス積みのパターンを示したものである。ちなみに，フランス積みの語源となったFlemishは本来，Flandersの形容詞でフランドル積みまたはフランダース積み，フレミシ積み，フレミッシュ積みなどと称するのが正しいが，明治初期にこれを国名のフランスと

混同してしまったため，わが国では慣例的に"フランス積み"と呼ばれるようになった[14]。

フランス積みの適用はイギリス積みに比べて少ないが，これまでの調査によればその分布状況には**表2.3**，**図2.14**に示すようにある程度の地域性が見られ[15]，北海道の鉄道建築，東海道本線藤枝～掛川付近，大阪府南部一帯，香川県の多度津付近，熊本県下の鹿児島本線などに集中していることから，この技法を好んで使用した技術者や職人が介在していたことが推測される。しかし，一部を除いて相互の関連性についての有力な系譜は認められず，その解明は今後に残された課題である。また，トンネルのパラペットやアーチ橋の高欄といったとくに目立つ部分にフランス積みを適用する傾向も認められ，装飾的な効果を狙ったものと推定される。

これらの調査結果から，鉄道用の土木構造物に対してフランス積みが適用される年代は，明治20年代～明治30年代初頭に集中しており，近代建築史の分野で指摘されていた明治10年代半ばまでとする説よりもやや下る傾向にある。その理由は定かでないが，土木分野では当初からイギリス積みが一般的な積み方として普及したこともあってフランス積みが入り込む余地はなく，その後この積み方に関心のあった技術者や職人が一部の構造物で適用を試みたものの，設計・施工の標準化が進む中で広まることなく消滅したものと推定される。

(3) 長手積み（Stretcher Bond）

長手積みは，**図2.13（d）**に示すように長手の段のみにより構成される単純な組積法で，奥行方向はすべて芋目地となってしまうため，構造部材の積み方として適当とは言えない組積法である。しかし，トンネルやアーチ橋のアーチ部分のみは，ごく一部の例外を除いて基本的に長手積みが用いられており，まれにトンネルの側壁部分も長手積みで仕上げられる。**写真2.5**は，北陸本線・旧柳ヶ瀬トンネルのアーチ部分に見られる長手積みのパターンを示したものである。アーチ部に長手積みが徹底して用いられる理由としては，当時の文献にも「煉瓦ノ積方ハ拱ニテハ長手ヲ縦向ニシセイニ使用スルヲ普通トス。如此セバ拱ノ厚サヲ加減スルニ殆当スルノミナラズ，煉瓦ノ面ヲシテ圧力ヲ受クルニ殆当ノ位置ニ立タシムルノ利アリトス。（傍点筆者）」[16]と説明されており，巻厚の調整が容易であることやアーチの迫持効果を発揮できる積み方として長手積みを用いていたことが理解できる。

(4) 小口積み（Header Bond）

小口積みは別名ドイツ積みとも称され，**図2.13（e）**に示すように小口のみに

表2.3　フランス積みの構造物

No.	名称	種類	路線名	駅間 起点方	駅間 終点方	開業	現状	特徴
1a	旧旭川工場鍛冶職場	建築	（北海道旭川市）			1899	存置	
1b	旧旭川工場旋盤職場	建築	（北海道旭川市）			1899	存置	
2	旧手宮機関庫	建築	（北海道小樽市）			1885	転用	・端部の両側面に羊羹を使用
3	旧碓氷第六橋梁	アーチ橋	信越本線	横川	軽井沢	1893	存置	・高欄部分のみフランス積み
4	先神橋跨線橋	橋梁下部構	総武本線	倉橋	猿田	1897	現用	・高欄部分のみフランス積み
5a	旧新橋工場鍛冶職場	建築	（東京都港区）			1881?	撤去	・基礎部分のみ確認（発掘）
5b	旧新橋工場鋳物職場	建築	（東京都港区）			1882?	撤去	・基礎部分のみ確認（発掘） ・西棟はイギリス積み
6	旧揖斐川橋梁	橋梁下部構	東海道本線	穂積	大垣	1886	転用	・橋台アーチ内部の煉瓦積みのみフランス積み
7	原駅危険品庫	建築	東海道本線	—	—	1900?	現用	
8	藤枝駅危険品庫	建築	東海道本線	—	—	1889?	現用	
9	満水トンネル（上）	トンネル	東海道本線	菊川	掛川	1889	現用	
10	高御所トンネル（下）	トンネル	東海道本線	掛川	袋井	1889	現用	
11	四日市駅危険品庫	建築	関西本線	—	—	1890	撤去	
12	第一六五号橋梁	アーチ橋	関西本線	加太	柘植	1890	現用	・パラペットのみフランス積み
13	鳥谷川橋梁	アーチ橋	関西本線	加太	柘植	1890	現用	・パラペットのみフランス積み
14	柘植駅1番線ホーム	ホーム	関西本線			1890	現用	
15	亀山トンネル	トンネル	嵯峨野観光鉄道	トロッコ嵐山	トロッコ保津峡	1899	現用	・京都方の坑門パラペットのみフランス積み ・最も起点（京都）方のトンネル
16	伊賀街道架道橋	アーチ橋	関西本線	島ヶ原	月ヶ瀬口	1897	現用	
17	旧芝山トンネル（上）	トンネル	関西本線	河内堅上	高井田	1890	存置	・出入口方の坑門ともフランス積み ・最も起点（大阪）方のトンネル
18	鯰江川橋梁（外）	橋梁下部構	大阪環状線	京橋	桜ノ宮	1895	現用	・1Pのみフランス積み
19	旧淀川橋梁（外）	橋梁下部構	大阪環状線	桜ノ宮	天満	1895	存置	
20	第二号溝橋	橋梁下部構	近畿日本鉄道	柏原南口	柏原	1898	現用	
21	第三号溝橋	橋梁下部構	近畿日本鉄道	柏原南口	柏原	1898	現用	
22	土留擁壁	その他	福知山線	生瀬	武田尾	1899	存置	
23	布施屋駅2番線ホーム	ホーム	和歌山線	—	—	1898	現用	
24	天満川橋梁（下）	橋梁下部構	予讃線	讃岐塩屋	多度津	1889	現用	
25	中津川橋梁（下）	橋梁下部構	予讃線	讃岐塩屋	多度津	1889	現用	
26	西中津川橋梁（下）	橋梁下部構	予讃線	讃岐塩屋	多度津	1889	現用	
27	貝ノ井橋梁	橋梁下部構	土讃線	金蔵寺	善通寺	1889	現用	
28	吉田架道橋	橋梁下部構	土讃線	金蔵寺	善通寺	1889	現用	
29	新井橋梁	橋梁下部構	土讃線	善通寺	琴平	1889	現用	
30	谷川橋梁	橋梁下部構	土讃線	善通寺	琴平	1889	現用	
31	旧伽羅土トンネル	トンネル	旧塩江温泉鉄道	伽羅土	岩崎	1929	存置	・アーチの一部がフランス積み（一部変則的）
32	旧九州鉄道本社	建築	（北九州市門司区）			1891	転用	
33	旧矢部川避溢橋	アーチ橋	鹿児島本線	舟小屋	瀬高	1891	存置	・スパンドレル，橋台・橋脚，ウイングがフランス積み
34	松ノ峠トンネル	トンネル	長崎本線	大草	本河内	1898	現用	・長崎方の坑門のみフランス積み ・最も終点（長崎）方のトンネルで九州鉄道最長
35	天神下橋梁（下）	アーチ橋	鹿児島本線	玉名	肥後伊倉	1891	現用	・スパンドレル，アーチがフランス積み
36	高瀬川橋梁（下）	橋梁下部構	鹿児島本線	玉名	肥後伊倉	1891	現用	
37	田崎橋梁（上）	アーチ橋	鹿児島本線	肥後伊倉	木葉	1891	現用	・アーチのみフランス積み
38	天明神川橋梁（下）	橋梁下部構	鹿児島本線	熊本	川尻	1894	現用	
39	無田川橋梁（上）	橋梁下部構	鹿児島本線	川尻	宇土	1895	現用	

第2章　煉瓦の寸法と組積法　55

表2.3　フランス積みの構造物（つづき）

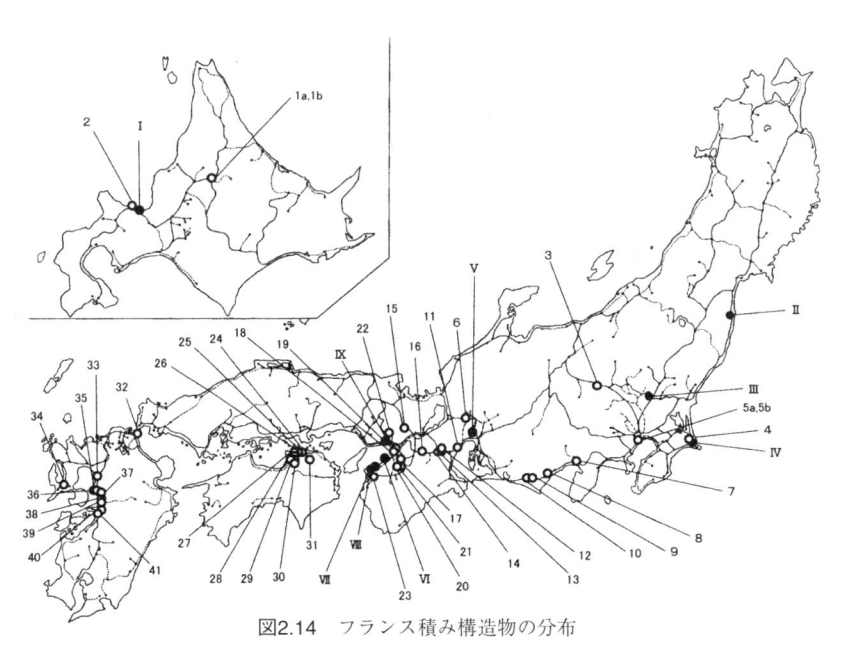

No.	名称	種類	路線名	駅間 起点方	駅間 終点方	開業	現状	特徴
40	加勢川橋梁（上）	橋梁下部構	鹿児島本線	川尻	宇土	1895	現用	
41	永井川橋梁（上）	橋梁下部構	鹿児島本線	川尻	宇土	1895	現用	・端部の片側面のみ羊羹を使用
I	旧真栄町架道橋	橋梁下部構	函館本線	南小樽	小樽築港	?	存置	・1段のみフランス積み
II	堂坂架道橋	橋梁下部構	常磐線	原ノ町	鹿島	1898	現用	・1段のみフランス積み
III	巴波川橋梁	橋梁下部構	両毛線	思川	栃木	1888	現用	・1段のみフランス積み
IV	岡之台第二号架道橋	橋梁下部構	総武本線	猿田	松岸	1897	現用	・1段のみフランス積み
V	五條川橋梁	橋梁下部構	名古屋鉄道	須ケ口	甚目寺	1914	現用	・1段のみフランス積み
VI	旧内川橋梁（上）	橋梁下部構	南海電気鉄道	堺	湊	?	存置	・1段のみフランス積み
VII	野上橋梁（下）	橋梁下部構	南海電気鉄道	泉大津	忠岡	1911	現用	・2段のみフランス積み
VIII	小見出橋梁（下）	橋梁下部構	南海電気鉄道	二色浜	鶴原	1911	現用	・1段のみフランス積み
IX	旧木杣上谷橋梁	アーチ橋	東海道本線	住吉	六甲道	1874	撤去	・側壁3段のみフランス積み

図2.14　フランス積み構造物の分布

より構成される積み方である。長手積みと同様に奥行方向が芋目地となるため，構造部材として用いる積み方としては不適切であるが，フランス積みとともに美観に優れているため主として化粧積みとして用いられた。

　この小口積みを採用した事例はフランス積みよりもさらに稀少で，**写真2.6**に示す上信電鉄・烏川橋梁をはじめ，信越本線・鯖石避溢橋，平成筑豊鉄道伊田線・嘉麻川橋梁（上り線）などがあり，橋脚の端部を曲線で滑らかに仕上げるため，この部分に対してのみ小口積みを適用したものと考えられる。また，1914（大正3）年に完成した東京停車場とその周辺の高架橋群に集中して見られる小口

写真2.5　旧柳ヶ瀬トンネル（柳ヶ瀬～疋田）の長手積み

写真2.6　烏川橋梁（南高崎～根小屋）の水切り部分の小口積み

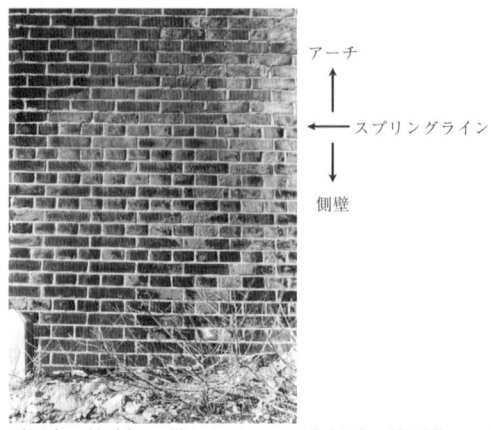

写真2.7　旧石部トンネル（用宗～焼津）に見られるアーチと側壁の煉瓦積みの違い

積みは，躯体をイギリス積み煉瓦または鉄筋コンクリート構造とし，表面に小口積みのパターンで化粧用の煉瓦タイルを貼ったものである．

2.3.2 構造物と組積法の適用条件
(1) トンネル
　トンネルの覆工における煉瓦積みは，全周を一度に巻き立てるのではなく，いくつかの部分に分割して施工されるのが一般的である．その順序は，トンネルの掘削工法によって異なるが，一般にアーチ部分を最初に積み，両側の側壁を最後に積む"逆巻（さかまき）"か，その逆に側壁を最初に積んでアーチ部分を最後に積む"順巻"が用いられる．いずれの施工法も写真2.7に示す東海道本線・旧石部トンネルのように，スプリングライン（起拱線（せきこうせん）：spring line）を境として施工継目が生ずることとなる．このため，組積法の境界が判別できれば現地でスプリングラインの位置を容易に識別することが可能となる．

　トンネルのアーチ部分における煉瓦積みは，先述のような理由によりすべて長手積みが用いられているが，唯一の例外として旧塩江温泉鉄道・旧伽羅戸トンネルがあり，アーチ部にフランス積みとイギリス積み（一部のパターンに乱れがある）を用いている．トンネルの側壁は基本的にイギリス積みが用いられるが，ごく一部にフランス積みや長手積みを用いたトンネルが存在する．フランス積みを側壁に適用したのは，東海道本線・溜水（たまりみず）トンネル（上り線）と高御所トンネル（下り線）の2例で，ともに1889（明治22）年に開通した第1線側のトンネルである．また，長手積みは，関西本線・旧芝山トンネルなどいくつかのトンネルに見られるほか，九州地方の路線などに散在している．

(2) アーチ橋[17]
　アーチ橋の部位はトンネルとほぼ同様に区分することができるが，トンネルとの外観上の違いは，ごく一部の例外を除いて側壁が垂直に仕上げられる点である．また，トンネルではあまり適用例がない欠円アーチ断面がしばしば採用される．

　アーチ部分の煉瓦積みは，基本的に長手積みが大部分を占めているものの，ごく一部にイギリス積みやフランス積みを用いたものが見られる．イギリス積みが使用された事例は，これまでのところ東海道本線東京～浜松町間（新永間市街線）および中央本線御茶ノ水～旧万世橋間（東京万世橋間市街線）のアーチ高架橋群や，鹿児島本線・豊岡川橋梁，轟川橋梁の事例がある．このうち，東京の高架橋群は標準径間19フィート6インチ（5.94m）の欠円アーチ，鹿児島本線の2橋は径間20フィート（6.10m）の半円アーチといずれもアーチ橋としては大きい半径を

写真2.8　田崎橋梁（肥後伊倉～木葉）のアーチ部分に見られるフランス積み

持つため，イギリス積みのように煉瓦を縦横に組み合わせるような積み方でも，アーチ部を施工することが可能であったと考えられる。また，アーチ部分にフランス積みを用いた例は，鹿児島本線・天神下橋梁と**写真2.8**に示す同線・田崎橋梁の2カ所で確認されている。アーチ橋の橋台・橋脚部分はトンネルと異なり，ほとんど例外なくイギリス積みを用いているが，**表2.3**に示すように，鹿児島本線・旧矢部川避溢橋のみはフランス積みを採用している。

一方，トンネルの坑門に相当するアーチ橋のスパンドレル（三角小間：spandrel）はイギリス積みによる場合が多いが[18]，**表2.3**に示すようにフランス積みを用いた例もわずかに存在する。また，小口積みによる事例としては，東海道本線東京～浜松町間の高架橋群，および中央本線東京～旧万世橋間の高架橋群の一部があるが，これらは先述のように化粧積みとして煉瓦タイルを小口積みのパターンで貼ったものである。

(3) 橋梁下部構造

橋梁下部構造は，地上の盛土部分との境界に設置される一対の橋台と，2径間以上の橋梁において中間に独立して設けられる橋脚とに区分されるが，煉瓦の積み方については両者とも大部分がイギリス積みにより占められている。また，小口積みによる事例としては，橋脚の水切りなどで部分的に小口積みを適用した例がある（**写真2.6**）。

(4) 土留壁

土留壁（トンネルやアーチ橋，橋台の翼壁を含む）はもともと石積みが多用され，煉瓦積みによるものは数少ないが，煉瓦による場合はイギリス積みが一般的に用いられている。唯一のフランス積みとしては，福知山線生瀬～武田尾間旧線の土留壁があるが，その構造は表積みのみをフランス積みとし，内部はイギリス

写真2.9 布施屋駅プラットホームのフランス積み

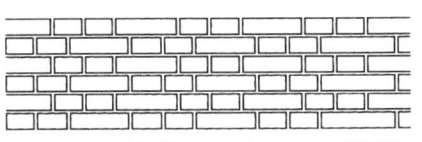

図2.15 旧湊町駅プラットホームの煉瓦積みのパターン

積みとなっている。煉瓦積みの土留壁は，石積みに比べて開業年次の古い線区に多く見ることができ，その適用は明治20年代～30年代前半あたりまでと考えられ，それ以降は間知石を用いた石積み擁壁が主流となった。

(5) プラットホーム擁壁

煉瓦構造によるプラットホームの擁壁は，ほとんどがイギリス積みを用いている。フランス積みは2カ所で確認されており，関西本線・加太駅と**写真2.9**に示す和歌山線・布施屋駅がある。また，関西本線・旧湊町駅のプラットホーム擁壁は，**図2.15**に示すようにフランス積みを変形させた特殊な積み方を用いている。これらのイギリス積み以外の組積法によるプラットホーム擁壁が，いずれも旧関西鉄道系の路線に見られる点は興味深い。

2.3.3 コーナーの仕上げ

煉瓦構造物のコーナーは，小口と長手の組み合わせによって構成される壁体を"ツライチ"に仕上げなければならないため，端物を挟むか隅石を設けることによって長さを調整する必要がある。先に述べたイギリス積みとオランダ積みも，このコーナーの仕上げの違いに特徴があり，前者の場合は末端部に"羊羹"を挟んでおり，これに対して後者は"七五"を挟んで調節している。こうしたコーナーのおさまりについては，建築分野における煉瓦積みの指導書などでもしばしば解説されているが，いずれも家屋の壁体や塀などを対象としたもので，土木構造物のようなマッシブな躯体に対する具体的な適用方法については明らかでなかった。ここでは，土木構造物に見られるコーナーの仕上げについて，そのいくつかを示す。

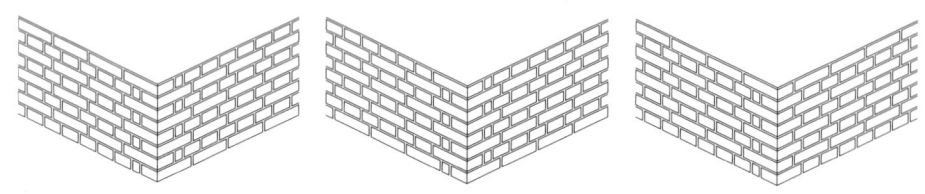

(1) 羊羹を用いたイギリス積みのコーナー

イギリス積みのコーナーは，"七五"を挟んだオランダ積みが大部分を占め，"羊羹"を用いた厳密なイギリス積みの適用例はまれである。また，"羊羹"を用いる場合でも図2.16に示すように，どちらかの面に"七五"を用いることがあり，コーナーの仕上げに関しては必ずしも教科書に忠実ではなかったようである。厳密なイギリス積みによるコーナーはある程度の地域性が認められ，とくに山陽本線沿線に顕著なほか，関西本線，和歌山線，信越本線などの旧私設鉄道や，山陰本線に見られ，九州を除く西日本地域で広範囲に用いられていたようである。写真2.10は，和歌山線・第二葛城川避溢橋における羊羹を用いたイギリス積みのコーナーを示したものである。

(2) "七五"によるイギリス積み（オランダ積み）のコーナー

"七五"によるイギリス積み（オランダ積み）は，煉瓦構造物のコーナーにごく普遍的に見られるが，"七五"の挟み方については図2.17にその代表例を示すように様々な種類がある。これらの適用には明確な地域性などが見られず，こうした技法がある設計思想や技術的系譜のもとに使用されたものではなく，現場の判断で用いられていたことを物語っている。また，同じ構造物の中でもその左右のコーナーで異なる種類のコーナーが用いられる場合があり，構造物としての基

図2.16　"羊羹"を用いたイギリス積みのコーナーの例

写真2.10　第二葛城川避溢橋（御所～玉手）のコーナー

第 2 章　煉瓦の寸法と組積法　　61

本的な寸法さえ合致していれば，コーナーの細かい仕上げにはそれほどこだわっていなかったと考えられる。**写真2.11**は，南海電気鉄道南海本線・紀ノ川橋梁におけるコーナーの"七五"を用いたオランダ積みのコーナーを示したものである。

(3) フランス積みのコーナー

　フランス積みのコーナーの仕上げは，イギリス積みと同様，解説書では"羊羹"を挟む図が描かれているが，実際には**図2.18**に示すように"七五"を用いて調整する場合が多い。

　現存する構造物で"羊羹"を用いたコーナーは，旧手宮機関庫や，**写真2.12**に示す鹿児島本線・永井川橋梁（上り線）がある。このうち，後者はコーナーの片面のみに"羊羹"を挟んでいるので，両側のコーナーに"羊羹"を挟むのは旧手宮機関庫のみである。同様の技法は，旧北海道庁本庁舎（札幌市中央区）のコーナーにも見られる珍しいもので，その設計者とされる平井晴二郎が開拓使御用掛

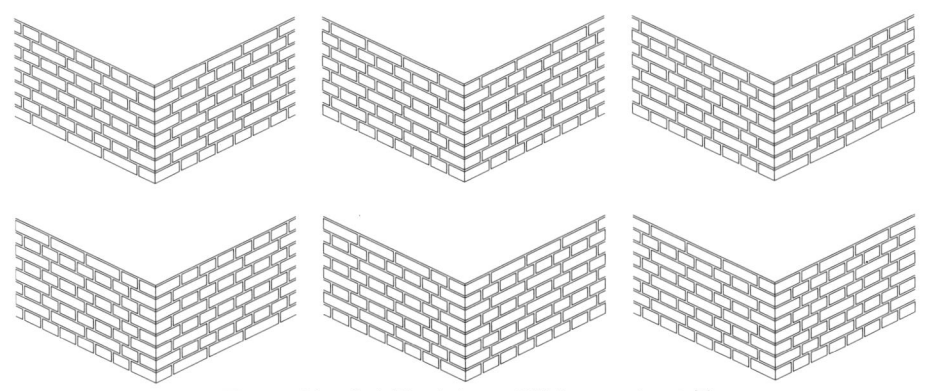

図2.17　"七五"を用いたオランダ積みのコーナーの例

写真2.11　紀ノ川橋梁（紀ノ川～和歌山市）のコーナー

として幌内鉄道の建設にも関与していたことや，両者の建設時期，地域性などを考慮すると何らかのつながりが推察される[19]）。

(4) 槍角，菱角のコーナー

これまでに述べたコーナーの煉瓦積みは，原則として構造物のコーナーが直角に仕上げられる場合を示したものであるが，線路の方向に対して斜めに位置するような橋梁下部構造などでは，コーナーも斜めに仕上げることとなる。この際，鋭角側を"槍角"，鈍角側を"菱角"と称し，"槍角"は端部が欠けやすくなるため，隅切りを行って角を落とすなどの工夫がなされている。また，**写真2.13**に示す近畿日本鉄道長野線・第三七号溝橋のように，煉瓦の端面を"ツライチ"に仕上げないまま残した事例もあるが，仕上げを忘れたものか，故意にこのような仕上げとしたのかは定かでない。

(5) 円弧形煉瓦によるコーナー

コーナーを仕上げる際の技法のひとつとして，異形煉瓦の一種である円弧形煉瓦の使用がある。円弧形煉瓦の使用は，角を柔らかく見せるという視覚的効果とともに，流水圧の軽減や，架道橋などでコーナーを曲がりやすくするという実用的側面もあったものと考えられる。実例としては，**写真2.14**に示す宇野線・第三

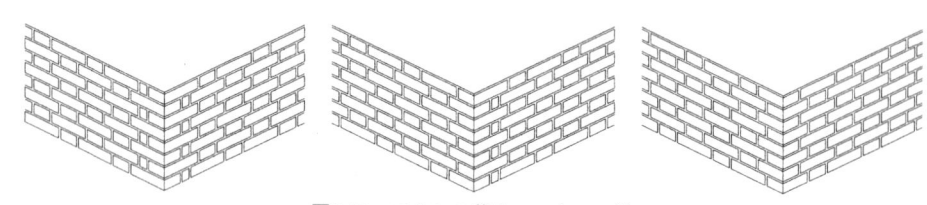

図2.18　フランス積みコーナーの例

写真2.12　永井川橋梁（川尻～宇土）のコーナー

大崎橋梁のように橋台の隅部に円弧形煉瓦を用いたものが多い。

　円弧形煉瓦を使用した構造物は，とくに岡山，山口県下の山陽本線，宇野線，美祢線の構造物に顕著に見られる点が特徴で，かなり地域性を持った技法と考えることができる。地域性が顕著な理由は定かでないが，円弧形煉瓦の製品を容易に供給することのできる製造業者が沿線付近にあったか，これらの路線を敷設した技術者または請負業者の判断によるものと考えられる。

(6) **隅石によるコーナー**

　煉瓦構造物におけるコーナーの仕上げ方のひとつとして，煉瓦の代わりに石を挟む方法がある。これは，隅石（quoin）と呼ばれるもので，トンネルの坑門や壁柱，アーチ橋の側壁，橋梁下部構造など，煉瓦構造物のコーナーにしばしば見られる。とくに橋梁では，その下をくぐる対象物（車両，歩行者，流水など）の衝撃から構造物を防護するという実用上の目的があるほか，赤煉瓦と隅石のコントラストによって構造物を引き立たせるという視覚的効果があったものと考えら

写真2.13　第三七号溝橋（汐ノ宮〜河内長野）のコーナー

写真2.14　第三大崎橋梁（八浜〜備前田井）のコーナー

写真2.15 井田橋梁(上川口〜下夜久野)の隅石　　写真2.16 裏参道架道橋(原宿〜代々木)の丸角

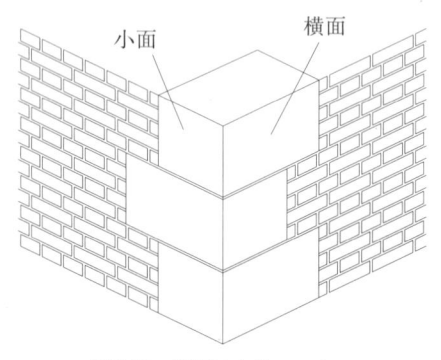

図2.19 隅石によるコーナー

れる。写真2.15は,山陰本線・井田橋梁に見られる隅石の例を示したものである。
　隅石のおさまりは,図2.19に示すように切石をコーナーで交互に組み合わせることによって構成され,隅石の間に挟まる煉瓦の段数や石材の仕上げなどに違いが見られる。隅石は,長い面を"横面",短い面を"小面"と称し,交互に組み合わせて用いられる。隅石の間に挟まる煉瓦の段数は,多い場合には7段,少ない場合は4段の煉瓦を挟むが,これは石材の厚さがおおむね1尺(30.3cm)を基準として切り出される場合が多いため,これに相当する煉瓦の厚さ(目地を含む)がおおむね4〜5段分に相当するためと考えられる。また,写真2.16に示す山手線・裏参道架道橋のように,隅石を丸く仕上げた"丸角"による例もある。

2.4　ディテールに見られる煉瓦積み

2.4.1　ディテールとその煉瓦積み

　煉瓦の組積法は,これまで述べてきた基本的な煉瓦積み以外にもいくつかの技

(a) 化粧迫持　　　　　　　　　(b) 粗迫持

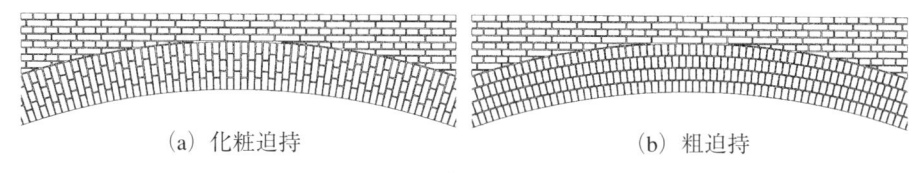

図2.20　迫持の仕上げ方法

法がある。その目的は，施工上の必要性によるもの，装飾を目的としたもの，あるいはその両者を兼ねたものなど様々であるが，ここではこれまで調査した土木構造物のディテールに見られる特徴的な煉瓦積みについて示す。

2.4.2　迫持の積み方

アーチ構造物では，迫持(せりもち)部分の末端を仕上げるために，煉瓦の積み方にも独特の工夫がなされている。トンネルやアーチ橋のアーチ端面には，図2.20 (a) に示すように煉瓦を縦横に組み合わせて構成する化粧迫持（または本迫持：axed arch）と，図2.20 (b) に示すように同一方向に積み重ねただけの粗迫持（rough arch）の2種類が観察される。これまでの調査結果によれば，トンネルやアーチ橋のアーチ部分には圧倒的に粗迫持が用いられており，トンネルの側壁部分には化粧迫持と粗迫持の両者が用いられている。

化粧迫持は構造的にも外観的にも粗迫持に勝っているが，アーチ部分の曲率によっては"オナマ"の煉瓦を縦横に積むことが困難であり，また楔形煉瓦を特注すると不経済になってしまうという難点がある（一般には，化粧迫持の場合であっても楔形煉瓦ではなく，"オナマ"の煉瓦を使用する）。このため，トンネルやアーチ橋のアーチ部分のように曲率の大きい断面に対しては粗迫持が適用され，トンネルの側壁部分のように曲率の比較的小さい断面に対しては，化粧迫持が用いられるようになったものと考えられる。

(1) アーチの迫持

土木構造物のアーチの煉瓦は，一般に長手積みで構成されるため，端面は必然的に粗迫持によって仕上げられることとなる。その巻厚は，アーチの径間やアーチに加わる荷重（アーチ橋の場合は列車および盛土の荷重，トンネルの場合は地山の荷重）を考慮して，経験的に決められていたようである。トンネルにおける覆工の巻厚を例にとると，地質条件の変化などによって表2.4のように調節が行われていたとされる[20]。このことは逆に，覆工の巻厚の変化を調べることにより，施工時における地質の良悪や施工の難易をある程度推定可能であることを示して

表2.4　トンネルにおける覆工の巻厚と地質

地質	アーチ	側壁	インバート
硬岩	1枚巻	なし	なし
軟岩	4枚巻	1.6フィート (488mm以上)	1.6フィート (488mm以上)
軟土	6枚巻	2.4フィート以上 (732mm以上)	2.4フィート以上 (732mm以上)
粘土	10枚巻以上	5.0フィート以上 (1,524mm以上)	4.0フィート以上 (1,219mm以上)
流砂	8枚巻以上	4.0フィート以上 (1,219mm以上)	3.0フィート以上 (914mm以上)

写真2.17　田崎橋梁（肥後伊倉〜木葉）の迫持

おり，巻厚が厚い場合は地質が悪かった可能性が高く，それよりも薄い場合は地質が良好であったと判断できる。

　一方，アーチの煉瓦積みに長手積み以外の組積法を用いる場合，その端面は化粧迫持で仕上げられる。ただし，先述のようにアーチ部分を長手積み以外で仕上げること自体が極めてまれであるため，その適用例もごく限られている。このうち，鹿児島本線・田崎橋梁は写真2.17に示すように，アーチのみをフランス積みとして端面を化粧迫持で仕上げ，その外側を粗迫持とした珍しい例である。また，東海道本線・新永間市街線高架橋は，当時の工事記録に「就中拱ハ圧力一平方尺ニ付約十二噸ニ達スルヲ以テ特ニ撰ミ使用セリ。而シテ拱ノ畳式ハ総テ『イングリッシボンド』トシ決シテ小口巻ヲ施サス。」[21]とあり，とくに強度の増加を狙ってアーチ部にイギリス積みを採用したことが理解できる。これまでのところ，土木構造物のアーチ部に化粧迫持が見られるのはごく一部のアーチ橋のみで，トンネルのアーチ部分では未見である。

写真2.18　旧碓氷第二号トンネル（横川～軽井沢）の側壁の化粧迫持

写真2.19　木戸山トンネル（仁保～篠目）の側壁の粗迫持

（2）トンネル側壁における迫持

　トンネルの側壁部のコーナーに見られる迫持は，イギリス積みを基本としていることもあって化粧迫持が多用される。写真2.18は信越本線・旧碓氷第二号トンネルに見られる化粧迫持を示したものであるが，写真2.19に示す山口線・木戸山トンネルのように粗迫持を用いる場合もある。また，隣接するトンネルや同じトンネルの出入口で異なる技法が用いられている場合もあり，とくに顕著な地域性や編年による傾向は見出されていないことから，各現場の判断で適宜用いられていたのではないかと推定される。

2.4.3　竪積みの技法

　竪積み（lacing courses）は，トンネルやアーチ橋などのアーチ構造物にしばしば見られる技法で，アーチのところどころの煉瓦を竪方向に積んで円周方向の"ツナギ"をとったものである。これは，アーチ部分に作用する荷重をアーチ全体に伝達させる狙いがあり，あくまでも補強の意味で設けられたものである。竪積みのパターンは，図2.21に示すようにいくつかの種類が観察され，アーチをほぼ等分割した位置で左右対称に挟まるのが基本である。また，竪積みのアーチ内部の煉瓦積みは一般に小口の段となるため，長手積みの中に挟まれた小口段を見つけることによって，容易にその存在を識別することが可能である。

　信越本線・旧碓氷第三橋梁では，この竪積みを採用した理由について「此橋梁建築ニ先ンジ二十四年十月岐阜，愛知ノ激震アリ。此際パウナル氏ハ各橋梁計画ニ就キ更ニ精査スル所アリ。煉瓦積ノ橋柱等ニハ中間処々ニ直立ノ石柱ヲ挟ミ，又煉瓦ヲ縦ニ用ユル等ノコトヲ主張シ，横川，軽井沢間ニモ実行シタルモノアリ。但シ石積ニハ之ヲ施サズ，又拱形ヲ積ムニモ処々ニ縦煉瓦ヲ用キテ互ニ相連繋セシム。」[22]と記されており，この記録から，1891（明治24）年に発生した濃尾地震

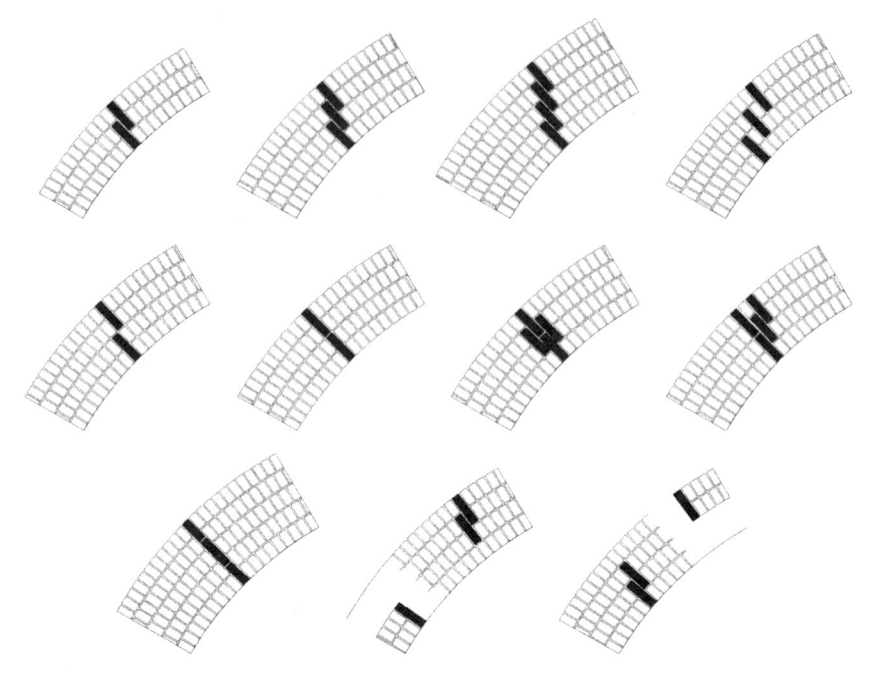

図2.21 竪積みの種類

の被害を考慮して雇外国人・パウナル (Pownall, Charles Assheton Whately) によって竪積みによる補強が提案・採用されたと解釈できる．しかし，他の構造物の建設年を調べると必ずしも濃尾地震とは関連性がないようで，おそらく各現場の判断により適宜用いられたものと考えられる．また，雇外国人技師の指導で建設された京都〜大阪間の鉄道構造物の一部にもすでに竪積みが見られることから，鉄道建設のごく初期段階ですでにこの技法が伝えられていたようである．

竪積みはすべてのアーチ構造物に見られるわけではなく，北海道から九州までの全国各地の構造物に用いられているが，ある程度の地域性が見られ，とくに留萌本線恵比島〜峠下間のトンネル，常磐線水戸〜岩沼間のトンネルおよびアーチ橋，信越本線横川〜軽井沢間のアーチ橋，東海道本線鷲津〜新所原間のアーチ橋，山陽本線上郡〜吉永間のアーチ橋などに顕著に見られる．写真2.20は，東海道本線・旧半場川橋梁に見られる竪積みを示したものである．

2.4.4 1段のみのフランス積み

イギリス積みによる橋台の一部には，図2.22，表2.3に示すようにフランス積みの段を1段または2段のみ挟んだ構造物が散見される．写真2.21は函館本線・旧

写真2.20　旧半場川橋梁（豊田町〜天竜川）の竪積み

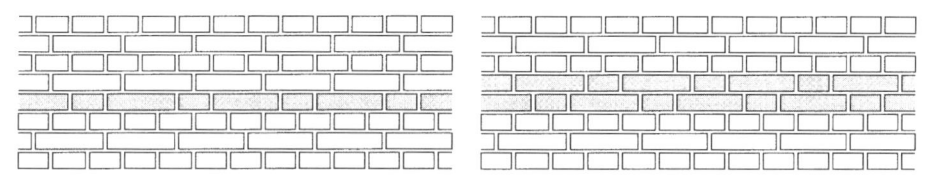

図2.22　イギリス積みの中のフランス積み

写真2.21　旧真栄町架道橋（南小樽〜小樽築港）の煉瓦積み

真栄町架道橋を示したもので，このほかにも南海電気鉄道南海本線沿線の橋台でこの技法が顕著に見られる。なぜこのような中途半端な形でフランス積みを適用したのかは不明で，煉瓦積みを解説した当時の専門書などにもこのような積み方は紹介されていないが，この技法が橋台に限られることや，左右の橋台のほぼ同じ高さに存在することなどから，高さや段数の目印として用いた可能性が考えられる。

2.4.5 装飾帯の技法

トンネルやアーチ橋の坑門部分などでは，帯石や笠石などにしばしば帯状の装飾的な技法を観察することができる．これは蛇腹（course）と総称される技法の一種で，建築分野では軒にあるものを軒蛇腹（cornice），胴まわりにあるものを胴蛇腹（string course）などと称しているが，土木分野ではとくに定まった使い分けはなされていないため本書では"装飾帯"と総称する．敢えて対比させるならば，トンネルの坑門などで笠石（coping）の部分に見られるものが軒蛇腹，帯石部分に見られるものが胴蛇腹に相当すると考えられるが（図3.1参照），こうした装飾帯の役割は，平面的で塊状の煉瓦構造物に立体感を与えるという装飾的効果を果たしていたと考えられる．

装飾帯は，とくに常磐線いわき付近，関西本線，片町線などの旧私設鉄道系の路線に集中して見られるが，こうした地域性から判断して，これらの地域には装飾帯の技法を得意とした煉瓦職人が介在していた可能性が高い．また，旧官設鉄道では一部の路線を除いて装飾帯があまり用いられず，横須賀線や新潟県下の北陸本線などで顕著に見られる程度である．

装飾帯がいつ頃から鉄道構造物に適用されたのかは明らかでないが，調査結果から明治20年代の私設鉄道の建設が始まった頃より流行した様式ではないかと思われ，私設鉄道の建設とともに全国へ広まったようである．以下，煉瓦構造物に見られる装飾帯の技法を分類して示すと，下記のようである．

(1) デンティル

デンティル（または歯飾り：dentil）は，図2.23に示すように煉瓦を櫛歯状に突出させて意匠とするもので，装飾帯にしばしば見られる．デンティルはその形態によっていくつかの種類に分類することができるが，最も基本的かつシンプルなものは写真2.22に示す嵯峨野観光鉄道・旧鵜飼第一トンネルに見られるような，煉瓦の小口面を1個ごとに突出させて意匠としたものである．デンティルの発展形としては，写真2.23に示す北陸本線・旧乳母ケ岳トンネルのように，デンティル全体を2段に並べて意匠とした例がある．また，写真2.24に示す片町線・旧大谷トンネルでは3段分を突出させてデンティルとしている．

(2) 雁木

雁木（dog toothing）は，図2.24に示すように煉瓦を斜め方向に積むことによって立体感を演出する技法で，写真2.25は留萌本線・峠下トンネルに見られる雁木を示したものである．また，煉瓦構造物のなかには，デンティルと雁木を同一の構造物で用いた例が見られ，写真2.26に示す石巻線・鳥谷坂トンネルでは笠石

第 2 章 煉瓦の寸法と組積法　71

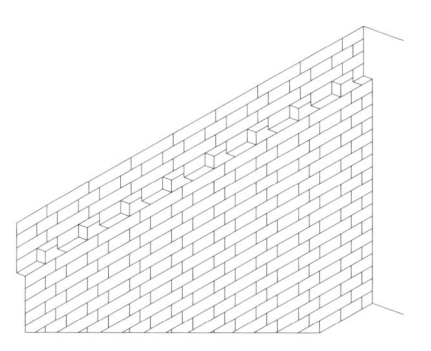

図2.23　デンティルの例

写真2.22　旧鵜飼第一トンネル（トロッコ保津峡　〜トロッコ亀岡）のデンティル

写真2.23　旧乳母ケ岳トンネル（名立〜有間川）のデンティル

写真2.24　旧大谷トンネル（大住〜長尾）のデンティル

図2.24 雁木の例

写真2.25 峠下トンネル（恵比島～峠下）の雁木

写真2.26 鳥谷坂トンネル（涌谷～前谷地）の雁木とデンティル

に雁木，帯石にデンティルを用いている。

(3) 持送り積み

持送り積み（corbelled coursing）は，図2.25のように煉瓦を逆階段状に積んだもので，写真2.27に示す嵯峨野観光鉄道・鵜飼第二トンネルに見られる例では，部分的に持送り積みを用いて意匠としている。持送り積みの発展形としては，写真2.28に示す常磐線・旧第一耳ケ谷トンネルのような例があり，パラペットの上部を持送り状に迫り出させてゴシック建築風の坑門に仕上げている。

(4) その他の装飾帯

トンネルやアーチ橋の笠石，帯石部分に見られるこのほかの装飾帯としては，写真2.29に示す常磐線・旧深谷沢トンネルのような格子帯タイプがあり，常磐線いわき以北のトンネルに顕著に見られる。

2.4.6 スプリングラインの装飾帯

装飾帯は，もっぱらトンネルやアーチ橋の笠石や帯石に顕著に見られるが，関西本線や草津線のごく一部のアーチ橋では，例外的に坑内のスプリングラインに

第 2 章　煉瓦の寸法と組積法

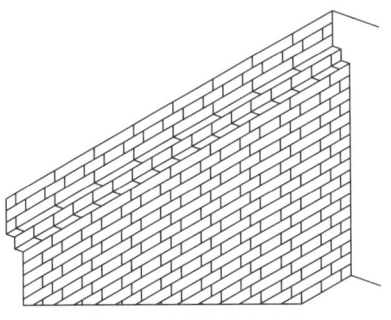

図2.25　持送り積みの例

写真2.27　鵜飼第二トンネル（トロッコ保津峡〜トロッコ亀岡）の持送り積み

写真2.28　旧第一耳ヶ谷トンネル（桃内〜小高）の持送り積み

写真2.29　旧深谷沢トンネル（久ノ浜〜末続）の格子帯

装飾帯を用いている。写真2.30は関西本線・市場川橋梁のスプリングラインに見られる雁木を示したもので，ここを境としてアーチが長手積み，橋台がイギリス積みで構成されている。

2.4.7 矢筈積みの技法

矢筈積み（herringbone）は，図2.26に示すように煉瓦を斜め方向に敷き詰める技法で，海外では主として舗装面に用いられている。鉄道用煉瓦構造物で矢筈積みを舗装煉瓦として用いている唯一の事例は，南海電気鉄道南海本線・旧深日駅プラットホームで，写真2.31に示すように"平"の面を上にして矢筈積みを構成している。この矢筈積みをトンネルやアーチ橋のパラペット部分に適用した例があり，このうち嵯峨野観光鉄道・朝日トンネルに見られる矢筈積みでは，写真2.32に示すように「朝日隧道東口」と書かれたレリーフが施され，装飾的効果を高めている。

矢筈積みの適用例は極めて数少ないため，全国的な分布や編年を論じることは困難であるが，現存する構造物で判断する限り明治20～30年代初期の様式と考えられる。またその施工目的も適用部位がパラペット部分のみに限定されることから，装飾を目的とした積み方と考えられる。

2.5 まとめ

本章ではまず，煉瓦の規格のひとつである寸法を取り上げ，現存する煉瓦構造物の実測調査結果から，その地域性や編年による変化について分析を試みた。その結果，クラスタ分析によって煉瓦の寸法がおおむね7群15種類に大別されることが示され，煉瓦の寸法が従来の研究などで指摘された以上に豊富であることが明らかとなった。煉瓦の寸法が，各鉄道事業者が制定した規格に基づく発注者側の論理で決められていたのか，各製造業者が制定した規格に基づく生産者側の論理で決められていたのかは定かではないが，作業局形，山陽形といった鉄道にちなんだ名称から考えて，少なくとも明治30年代には発注者側の論理で煉瓦の寸法が規定されていたと考えられる。このため，明治30年代末には生産者側から規格統一の必要性が訴えられるようになり，最も市場に出回っている東京形をもって標準寸法とするよう主張されるにいたったものと推察される。このように，一見同じように見える煉瓦の寸法も千差万別であり，煉瓦の寸法を指標とすることによってその製造地域や年代，系譜などについて評価できる可能性が示された。

次に，土木構造物における煉瓦の積み方とその適用条件を把握するため，現地調査の結果に基づいて地域性や，時代相を明らかにした。構造用として用いられる煉瓦の基本的組積法は表2.5のように示され，同じ構造物でも部位によって積み方が異なること，構造物（あるいは部位）によって適用例がまれな積み方があ

第2章 煉瓦の寸法と組積法　75

写真2.30　市場川橋梁（関～加太）の雁木

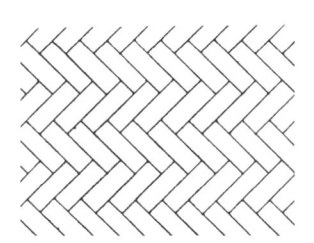

図2.26　矢筈積みの例

写真2.31　旧深日駅プラットホーム

写真2.32　朝日トンネル（トロッコ保津峡～トロッコ亀岡）の矢筈積み

ることなどが明らかとなった。また，最も標準的な積み方であるイギリス積み以外の積み方については，地域や年代による偏りが認められ，とくにフランス積みについては適用例こそ少ないものの，東海，関西，四国，九州を中心に分布していることが確認された。

　こうした特徴は，これまで近代建築史の分野で指摘されていた事実とやや異な

表2.5 鉄道構造物における煉瓦積みの適用区分

構造物の種類		イギリス積み	フランス積み	長手積み	小口積み
トンネル	アーチ	△	△	○	×
	側壁	○	△	△	×
	坑門	○	○	×	×
アーチ橋	アーチ	△	△	○	×
	橋台・橋脚	○	△	×	×
	スパンドレル	○	△	×	△
橋梁下部構造	橋台	○	△	×	△
	橋脚	○	△	×	△
土留壁		○	△	×	×
プラットホーム擁壁		○	△	×	×
建築（駅舎・油庫）		○	△	△	△

○：一般的，△：適用例まれ，×：実例未見

る傾向を示しており，建築ではほとんど見ることのできない長手積みがアーチ部分の積み方として標準的に用いられていること，建築では明治20年代以前に廃れてしまうフランス積みが明治20年代以降の土木構造物に現れることなどが指摘できる。このような差異が生じた理由は明確ではないが，初期の鉄道用土木構造物の建設を指導したイギリス人技術者が，当初よりイギリス積みを標準的な積み方として推奨するとともに，トンネルやアーチ橋などのアーチ部には施工の関係で長手積みを用いるよう厳格に指導していたことが考えられ，建設の初期段階ですでにこうした思想が現場にも浸透していたものと推察される。また，明治30年代にはすでに示方書の中で煉瓦の積み方が明文化されており[23]，こうした技術基準類の整備も組積法の統一に寄与していたと考えられる。とはいえ，一部にフランス積みや小口積みのような特殊な煉瓦積みが用いられたことは，専門書や技術基準以上の付加価値（とくに景観上の価値）をこれらの煉瓦積みに見出していたことにほかならないと判断される。

　一方，ディテールに見られる煉瓦積みは，これらを設計・施工した当時の技術者や煉瓦職人が，施工性や経済性，機能性のみならず，構造物そのもののデザインに対しても十分に配慮していたことを物語っているものと言える。こうした特殊な煉瓦積みも，構造物本来の機能や経済性が重視されるようになり，設計法もパターン化されるようになると廃れてしまう傾向にある。本章で紹介した装飾的技法を持つ構造物の建設年代は，ほぼ明治20年代～明治40年頃にかけての私設鉄道が中心で，これはそのまま私設鉄道の設立・興隆期と重なっている。このことから，官設鉄道や各私設鉄道が群雄割拠してその個性を競い合ったという時代背

景が，多様なデザインを生み出したものと解釈できる．

　こうした土木構造物における煉瓦積みの"作法"については，煉瓦構造物の修復や復元を行ううえで十分に考慮しておく必要があり，本来適用されないと考えられる積み方を誤って用いたり，合理性に欠けたコーナーの積み方を適用することのないように注意すべきである．このことは，タイルなどで煉瓦造を模して化粧される新しい土木・建築構造物に対してもあてはまり，たとえそれが"擬似"煉瓦構造物であったとしても，煉瓦構造物の姿を借りる以上はその"作法"に忠実であらねばならないと考える．そして，煉瓦積みの"作法"を誤らないためには，類似した構造を持つほかの構造物や，同じ地域，同じ時代に竣工したほかの構造物などとの比較，検討を行い，その適用方法を十分に吟味する必要があろう．

[第2章　註]
1) 前野嶤「函館に於ける明治初期煉瓦建築について」『日本建築学会論文報告集（大会号第2部）』No.66, 1960
2) 村松貞次郎「日本建築近代過程の技術史的研究」『東京大学生産技術研究所報告』Vol.10, No.7, 1961
3) 水野信太郎『日本近代における組積造建築の技術史的研究』東京大学学位請求論文，1986
4) Lloyd, N., *A History of English Brickwork*, H. Greville Mont-gomery, 1925
5) 前掲2)
6) 本書の目的はあくまでも全体の傾向をマクロ的に把握することにあるため，データの地域的な偏りなどについてはとくに厳密な配慮を行っていない
7) プログラムは，「S-PLUS for Windows, Ver.3.3, Rel.1.1」数理システム，1996を用いた
8) ここで言うシェアとは，厳密な意味での「市場占有率」ではなく，あくまでも今回実測を行った現存する煉瓦構造物のデータ数に基づいた占有率であり，生産個数あるいは納入個数を正確に反映したものではない
9) 大高庄右衛門「煉瓦の形状に就て」『大日本窯業協会雑誌』No.159, 1905参照
10) 前掲9)，pp.664〜666
11) 小林作平「普通煉瓦業に就て」『大日本窯業協会雑誌』No.362, 1922, p.499によれば，工業品規格統一の参考に資するため1921（大正10）年に全国129工場に対して行った調査結果では，「煉瓦の大さ即ち寸法は，現今ではほとんど東京型と称しまして長さ七寸五分，幅三寸六分，厚さ二寸と云ふ大いさに造られて居ります．（原文のまま）」とあり，この時点でほとんどが東京形に統一されていた事実を裏付けている
12) 明治期の文献で煉瓦の組積法がどのように解説されていたかについては，日本科学史学会『日本科学技術史大系・第17巻・建築技術』第一法規出版，1964にまとめられている．なお，煉瓦の組積法としては，ここに示した以外にもアメリカ積み（American Bond）などいくつかの種類があるが，今回の調査では適用事例が見られ

なかったため省略した
13) 例えば，煉瓦の組積法を解説した初期の文献としては，水野行敏『蘭均氏土木学——上冊——』文部省，1880があり，「英吉利繋維」は「最強最牢ナル排列法ト言ル者」，「不列密繋維」は「外見英吉利繋維ニ於ルヨリ美麗ナリ然レトモ英吉利繋維ハ正ク築ケハ不列密繋維ヨリ強健安定ナリ」などと解説している
14) フランス積みの呼称については，中村達太郎「佛蘭西積の弁」『建築雑誌』No.125，1897で早くも用語統一の必要性が論じられている
15) 小野田滋，清水慶一，久保田稔男「鉄道構造物におけるフランス積み煉瓦の地域性とその特徴」『国立科学博物館研究報告』Ser.E，Vol.19，1996参照
16) 坂岡末太郎『最新鉄道工学講義・第二巻』裳華房，1912，p.389
17) 以下，本書においてアーチ構造を持つ橋梁をすべてアーチ橋として総称する。アーチ橋は，構造によって土被りを持つものと持たないものに大別され，後者をとくに暗渠（カルバート：culvert）と呼ぶことがある。前者は基本的に自重と上載荷重が考慮されるのに対し，後者ではさらに盛土の荷重が加わる。しかし，両者を判別しがたい構造のアーチ橋もあり，また鉄道の財産区分上も両者は橋梁として同等に扱われているため，本書ではアーチ橋として総称することとした。なお，橋梁のうち橋台面間長が1m以上5m未満のものを「溝橋」と分類し，そのうちアーチ構造の暗渠をとくに「拱渠」と称する場合があるが，後の改良工事などで名称が曖昧になっているものも多く，混乱を避けるために本書では一部を除いて「橋梁」に統一した
18) スパンドレルは厳密には三角小間を示すが，本書ではトンネルの坑門に相当するアーチ橋の側面部分を示す用語として用いた
19) 設計者の系譜から旧手宮機関庫と旧北海道庁本庁舎の関連性を考察した文献としては，駒木定正「手宮機関車室（明治18年竣工）について」『日本建築学会大会学術講演梗概集（近畿）〈F-2〉』日本建築学会，1996がある
20) 前掲16)，p.393による。なお，この表は単線断面のトンネルを想定したものである
21) 『東京市街高架鉄道建築概要』鉄道院，1914，p.17
22) 渡邊信四郎「碓氷嶺鉄道建築署歴」『帝国鉄道協会会報』Vol.9，No.4，1908，p.494
23) 例えば，奥平清貞『隧道修繕工事』京都帝国大学土木工学科卒業論文，No.13，1903に引用されている「煉瓦積工仕様」には，「側壁煉瓦工ノ積方法式ハ英吉利法ニ拠リ，拱部ハ『リングボンド』トス」とある

第3章

煉瓦構造物のデザイン

3.1 はじめに

　土木構造物のデザインは一般に，施工性や機能性，経済性が重視される傾向にあり，このため建築構造物に比べて装飾的要素に乏しいと認識されてきた。事実，建築分野では，ゴシック，ルネッサンス，モダニズムなど，それぞれのスタイルや年代に応じたデザインの区分が体系化され，現代の建築設計にもそのエッセンスが反映されている。これに比肩される土木構造物としては橋梁があり，「橋梁美学」に代表されるように，常に構造とデザインの合理性が追求されてきた[1]。そして絵画や文学，映画などの素材としても用いられるなど，人々の文化的活動の一翼をも担っている。しかし，橋梁以外の構造物のデザインについては，分析すらなされていないのが現状で[2]，実際にどのようなデザインの構造物が存在しているのかもほとんど把握されていなかった。そこで本章では，現存する煉瓦構造物の代表例としてトンネル，アーチ橋，橋梁下部構造の3種類を取り上げ，そのデザイン的特徴を明らかにすることとした。

　本書で取り上げた煉瓦や石積みなど，ブロック状の材料を積み重ねることによって完成する構造物を一般に組積造と総称するが，組積造であることは煉瓦構造物のデザインを支配する大きな要因である。すなわち組積造は，ひとつひとつの煉瓦や石材を単純に積み上げるため，その構造系は主として圧縮力で維持されるという特徴を持っている。これが鉄筋コンクリートや鋼材であれば，圧縮力にも引張力にも強い構造が実現でき，梁や床も容易に実現することが可能であるが，組積造では難しい。その代わり，ピラミッドのように材料を単純に積み上げる構造や，大空間を確保するためのアーチ構造は，組積造が最も得意とする造形である。前者の代表例が橋梁の橋脚で，構造物に作用する荷重は基本的に重力方向に作用するように設計される。一方，後者の例としてはアーチ橋やトンネルがあり，部材同士の迫持効果によって構造系を維持している。このほか，組積造構造物は，

施工の際に材料と材料をつなぎ合わせるために必ず目地と呼ばれる不連続な部分が生じ，このため組積造構造物の表面には独特のテクスチュアが生じることとなる。赤煉瓦と白い目地が織り成す鮮やかなコントラストや，石材が目地を介して組み合わされることによってできる独特の安定感は，組積造の大きな魅力でもある。

　ここでは石積みを含め，こうした組積造構造物のデザイン的特徴について，考察を加えてみたい。

3.2　トンネル

3.2.1　トンネルの特徴

　トンネルは，列車を通すために必要な空間を地中に確保することを目的として設けられる線状の構造物である。その大部分は地中に構築されるため，本体となる部分はほとんど人目に触れる機会はないが，坑門のみは車両や人々がくぐる"門"としての役割を強く意識して，様々なデザインが工夫されている。

　トンネルにおける坑門の存在目的は，不安定な坑口斜面の土圧を受け止める役割があり，このためその構造も重力式土留壁とよく似ている。こうしたトンネルの坑門に対してモニュメンタルな意義を求めることは，諸外国の鉄道トンネルにその先例を見出すことができ，1882（明治15）年に完成したスイスのゴットハル

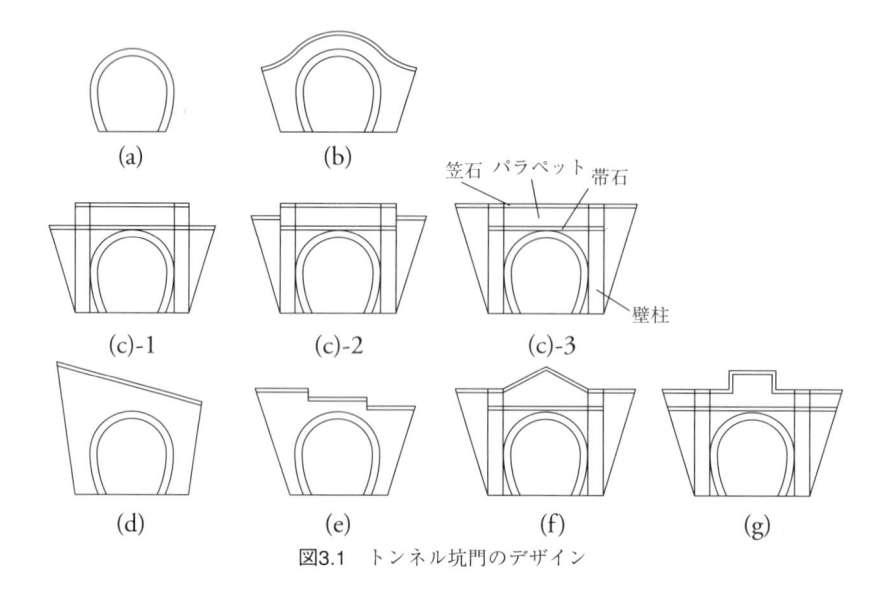

図3.1　トンネル坑門のデザイン

トンネル，1906（明治39）年に完成したスイス～イタリア国境のシンプロントンネルなどヨーロッパの著名な長大トンネルにはいずれもその存在にふさわしい坑門の意匠設計が採用された。一方，ヨーロッパや中国の城郭都市では，城壁を隔てて外部へ通じる場所にいわゆる城門が建設されたが，同様の思想がトンネルの建設にあたっても受け継がれたものと考えられる。わが国でも神社の鳥居や寺の山門，城の城門，屋敷の冠木門など，特殊な空間と外部を隔てる場所には"門"ないしはそれに準じた構造物が設けられたが，こうした世界各国に共通する概念が存在したことは，トンネル坑門のデザインにも大きな影響をおよぼしたものと想像される。

3.2.2 トンネルのデザイン
(1) 坑門の形態

トンネルの断面は，地圧を支えるためには円形に近い断面が理想的であるが，一般的には路盤部の施工や列車の通行を考慮して馬蹄形断面が多用される。坑門は，この馬蹄形の空間を囲むようにして設けられ，坑口付近の斜面崩壊からトンネルを守るため，一種の土留壁のような構造になっている。これまでの調査結果に基づいて鉄道トンネルの坑門を形態分類すると，図3.1に示すように7種類に分けられる（壁柱，笠石，帯石などの有無を考慮するとさらに多くの種類に分類できる）。

壁体が存在しない（a）タイプは，写真3.1に示す中央本線・旧玉野第二トンネルなどに見られるもので，坑門の表面に岩盤が露出していることから，土留壁としての坑門を設ける必要がなかったものと考えられる。（b）タイプは覆工を取り巻くようにしてわずかに壁体が存在するもので，写真3.2に示す山陰本線・明神

写真3.1 旧玉野第二トンネル（定光寺～高蔵寺）の坑門：(a)タイプ

写真3.2 明神山トンネル（安栖里～立木）の坑門：(b)タイプ

写真3.3 葉木トンネル（葉木〜鎌瀬）の坑門：(c)-1タイプ

写真3.4 大河原小トンネル（月ヶ瀬口〜大河原口）の坑門：(c)-2タイプ

写真3.5 堅岩トンネル（立木〜山家）の坑門：(c)-3タイプ

山トンネル入口などの例がある。

　これに対して（c）タイプは組積造によるトンネル坑門の基本的デザインとも言うべきもので，全国各地に普遍的に見ることができ，明治初期から大正時代にいたる年代にわたっている。(c) タイプはさらにパラペットと両翼のウイングの位置関係により3種類に分かれ，写真3.3に示す肥薩線・葉木トンネル出口のようにパラペットが両翼のウイング部分から突出したタイプ，写真3.4に示す関西本線・大河原小トンネル入口のようにパラペットの中間にウイングの上端が位置するタイプ，写真3.5に示す山陰本線・堅岩トンネル出口のようにパラペットの上端とウイングの上端とが同じ高さに位置するタイプに大別することができる。

　坑門の上部を斜めに切り欠いた（d）タイプは，主として坑門周辺の地形を考慮して選択されたものと考えられ，写真3.6に示す福知山線・旧長尾山第一トンネル出口のように急傾斜地の山裾に坑門が位置するトンネルに多用されている。

　坑門上部を階段状に仕上げた（e）タイプは（d）タイプの変形で，写真3.7に示す信越本線・旧戸草トンネル出口などに見られる珍しいものである。

写真3.6 旧長尾山第一トンネル（生瀬〜武田尾）の坑門：(d)タイプ

写真3.7 旧戸草トンネル（牟礼〜古間）の坑門：(e)タイプ

写真3.8 旧大谷トンネル（大住〜長尾）の坑門：(f)タイプ

　写真3.8に示す片町線・旧大谷トンネル入口のように坑門の上部を三角破風に仕上げた（f）タイプは，明治期の旧私設鉄道が建設したトンネルに顕著に見られるもので，表3.1に示すように全国に散在している。(c) タイプや (d) タイプを含め，こうした坑門上部の傾斜は，排水を良好に保つという実用的な役割もあったものと考えられるが，敢えてこれらのトンネルに三角破風の意匠を採用した理由は定かではない。

　上部を凸型に突出させた（g）タイプは，写真3.9に示す嵯峨野観光鉄道・清瀧トンネル入口などごくわずかな例しかないが，いずれも扁額や社紋の掲出など意匠を凝らしたデザインを採用しているのが特徴である。このようなデザインが採用されたいきさつや，そのモチーフについては明らかでないが，おそらくヨーロッパの既存のトンネルや中世の西洋建築などに範をとったものと推定される。

　これらのトンネル坑門のうち，最も一般的な (c) タイプは，諸外国のトンネルでも同じ形態の坑門が多く見られ，また雇外国人技師が指導した大阪〜神戸間鉄道のトンネル群でも最初に採用されていることから，このデザインをもって煉

表3.1 破風のデザインの坑門を持つトンネル

構造物名称	路線名	駅 間 起点方	駅 間 終点方	開業	現状	方向	備考
旧土屋トンネル	東北本線	西平内	浅虫温泉	1891	存置	入口	扁額あり
旧末続トンネル	常磐線	末続	広野	1898	存置	入口	
旧鼻田トンネル	信越本線	越後広田	長鳥	1898	存置	入口	
旧塚山第三号トンネル	信越本線	塚山	越後岩塚	1898	存置	出口	
金場トンネル	関西本線	関	加太	1890	現用	入口	
加太トンネル	関西本線	加太	柘植	1890	現用	入口	
安濃田トンネル	紀勢本線	亀山	下庄	1891	現用	出口	
大河原小トンネル	関西本線	月ヶ瀬口	大河原	1897	現用	出口	坑門布積み（石造）
大河原大トンネル	関西本線	月ヶ瀬口	大河原	1897	現用	入口	坑門布積み（石造）
旧大谷トンネル	片町線	大住	長尾	1898	撤去	入口	
相谷越トンネル	山陰本線	竹野	佐津	1911	現用	出口	
旧黒髪山トンネル	旧大仏線	加茂	旧大仏	1898	撤去	入口	社紋1個掲出
						出口	社紋2個掲出
旧泉山トンネル	佐世保線	三間坂	上有田	1897	存置	出口	扁額あり
旧有田トンネル	佐世保線	上有田	有田	1897	存置	入口	扁額あり

写真3.9 清瀧トンネル（トロッコ嵐山〜トロッコ保津峡）の坑門：(g) タイプ

瓦・石積みトンネルの標準的デザインとする思想がすでに初期の段階で確立されていたものと考えられる。こうした実例から判断して，(c) タイプをスタンダードとして，主に実用的な観点から (a)，(d) タイプが，意匠としての観点から (e)，(f)，(g) タイプが派生したものと考えられる。

(2) 壁柱

トンネルの坑門における壁柱（または片蓋柱，控壁：pilaster, attached pier, buttress）の存在は，写真3.10に示す奈良線・青谷川トンネルのように，坑門の前傾を防ぐ控壁として，実用的機能を担っている。しかし，近畿圏における悉皆

第3章　煉瓦構造物のデザイン　　85

写真3.10　青谷川トンネル（山城多賀～山城青谷）の壁柱

写真3.11　旧第一号トンネル（成田山門前～幼稚園下）の柱

調査の結果では[3]，煉瓦・石積み構造のトンネル坑門のうち，全体の27％の坑門には壁柱が存在せず，その実用性については疑問な点が多い。壁柱の役割はむしろ，坑門に安定感を与えると同時に，立体感を与えるというデザイン上の理由によるものと考えられる。写真3.11に示す旧成宗電気軌道・旧第一号トンネルの控壁は，坑門から突出させて親柱のように仕上げた例である。

(3) 笠石

　笠石（coping）はパラペットや壁柱の最上部に帯状に配置されるもので，実用的には水切りとして雨水の浸透を防ぐ役割を果たしている。笠石は，煉瓦・石積みトンネルのほとんどに存在するが，石材の場合は写真3.12に示す信越本線・旧米山第五号トンネル出口のように切石を横に並べただけのものが多く，上部に水垂（weathering）と呼ばれる切欠きを設けることがある。笠石に煉瓦を用いる場

写真3.12 旧米山第五号トンネル（米山〜笠島）の坑門　　写真3.13 松ノ峠トンネル（大草〜本河内）の帯石

合は，蛇腹など煉瓦を利用した独特の装飾的技法を観察できるほか，"軒"を形成するために持送り積みにより逆階段状に仕上げたものが観察される（技法の詳細は2.4.5（3）参照）。

(4) 帯石

　帯石（string course）は笠石とトンネルのアーチ天端の中間に帯状に配置され，パラペット部分の基礎，あるいは水切りとしての役割を果たしている。前述の悉皆調査結果によれば[4]，79%のトンネル坑門に帯石が存在する。帯石の形態は笠石とほぼ同様で，一般には写真3.12に示したように細長い切石を横に並べて構成されるが，煉瓦による場合は2.4.5（3）で述べた持送り積みのような技法を用いる場合がある。また，材料の組合せも，石材と煉瓦の両方がある。帯石の部分に文字を刻んだ珍しい例として，長崎本線・松ノ峠トンネル出口があり，写真3.13に示すように着工年月日，延長，竣工年月日が刻まれている。

(5) 要石

　アーチ構造物において，要石（keystone）は構造系を力学的に安定させるために重要な意味を持つ。しかし，前述の悉皆調査結果では[5]，要石を持つトンネルは53%に過ぎず，このため要石には構造部材としての存在価値はほとんどなく，むしろデザイン上の安定感を与えるという装飾的意義が大きかったものと考えられる。要石は時代とともに省略される傾向にあり，近畿地方においては1897（明治30）年〜1899（明治32）年にかけて開業した阪鶴鉄道（現・福知山線），1904（明治37）年〜1911（明治44）年にかけて開業した舞鶴線と山陰本線の坑門には，すべて要石が存在しない（最長の芦谷トンネルを除く）。

(6) 迫石

　トンネルにおける覆工の端面は，2.4.2でも述べたように，一般に煉瓦の小口面

写真3.14　加太トンネル（加太～柘植）の迫石　　写真3.15　手立トンネル（牧山～野々口）の迫石

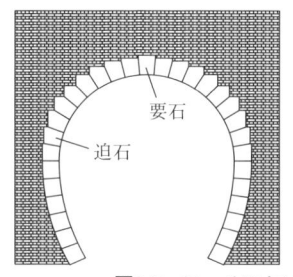

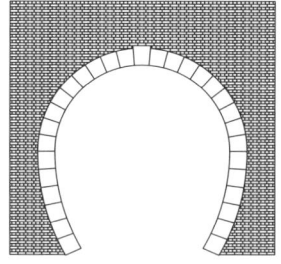

図3.2　アーチにおける迫石の仕上げと接合面

を表に出した粗迫持によって仕上げられているが，アーチの外周に石材による迫石（voussoir）を設けることにより安定感を与えているトンネルも存在する。この迫石の形態には写真3.14に示す関西本線・加太トンネル出口のように外弧を階段状に尖らせて楯状としたものと，写真3.15に示す津山線・手立トンネル出口のように外弧を丸く仕上げたものの2種類が存在するが，前者の場合は外観をより華やかに引き立たせるという視覚的効果のみならず，図3.2に示すようにアーチの頂部で煉瓦や切石を鋭角で仕上げる必要がないという実用上の利点もある[6]。

(7) パラペット

パラペット（胸壁：parapet）は，トンネル上部の崩土を受け止めるための土留壁あるいはポケットとしての役割があるが，トンネルの坑門で最も高い部分に位置し，人目に触れやすいためか，しばしば特徴的な技法を観察することが可能である。2.4で紹介した装飾的な煉瓦積みが用いられるのもパラペットの部分で，写真2.32で示した朝日トンネル入口に見られる矢筈積みなどの例がある。

(8) 扁額・社紋

扁額（plaque）は，難工事を経てトンネルが完成した喜びを言祝いで掲げられるもので，ほとんどの場合は笠石と帯石に挟まれたパラペットの部分に設けられ

写真3.16　矢岳第一トンネル（矢岳〜真幸）の扁額

るが，ごく一部のトンネルでは帯石とアーチ天端に挟まれた部分に設けられることがある。鉄道構造物でこうした扁額を掲げる習慣は，トンネルのみに顕著に見られる特徴で，橋梁などではほとんど見られない。トンネルの扁額に記される内容は，①トンネル名称を記したもの，②起点方からのトンネル番号を記したもの，③完成を言祝いだ文字を記したもの，④工事の経過やトンネル建設の意義を撰文として記したもの，の4種類に大別される。

扁額の多くは当時の政治家や文化人，鉄道幹部の揮毫によるもので，トンネルの完成に対していかに高い関心が払われていたかを理解することができる。写真3.16は肥薩線・矢岳第一トンネル入口に掲げられている山縣伊三郎による揮毫「天險若夷」（"天下の難所を平地のように平らにした"の意）を示したもので，扁額に合わせてパラペットの形状にも工夫が見られる。こうした扁額が存在するトンネルは，ほとんどがその路線の最長もしくはそれに匹敵する延長のトンネルに限られることから，トンネルの長さがそのまま記念碑としてのトンネルの地位を象徴していたと考えられる。

一方，社紋の掲出についても，宣伝効果よりも扁額と同様にトンネルの存在を誇示する意味が大きかったものと考えられるが，あまり一般的ではなく，今のところ写真3.17に示す常磐線・旧金山トンネル入口と旧関西鉄道大仏線・旧黒髪山トンネルの2例しかない。このほか，トンネル工事関係者の氏名を掲げた珍しい例として，写真3.18に示す中央本線・笹子トンネル入口があり，壁柱にプレートがはめられている。

3.2.3　トンネルのデザイン思想

これまで見てきたように，トンネルの坑門は様々な要素が組み合わされること

第3章 煉瓦構造物のデザイン　　89

写真3.17　旧金山トンネル（竜田～富岡）の社紋　　**写真3.18**　笹子トンネル（笹子～甲斐大和）の壁柱のプレート

によって，多彩なデザインが工夫されてきたが，こうした坑門の意匠設計がどのようなプロセスを経て決められていたのかは明らかでなく，また個々の坑門のデザインを行った人物を特定する記録も残されていない。したがって，明治・大正期における鉄道技術者たちがどのような思想に基づいてこれらのデザインを行っていたのかは，遺された構造物のみが知るところとなっている。

しかし，当時の設計者がトンネルの坑門のデザインに対して特別な関心を抱いていたことは工事記録にも断片的に見出すことができ，信越本線横川～軽井沢間の工事記録には，「各隧道ノ洞門ハ署ボ同様ノ形ヲ用ヰ務メテ簡易ヲ旨トセシモ，其国道ニ近キ処或ハ美大ナル橋梁ノ側等ニハ少シク装飾ヲ施セリ」「第四十二図ハ第二十六号隧道西口洞門ニシテ信州ヨリ碓氷峠鉄道ニ入ル第一門ナレバ，稍々装飾ヲ施シテ石及煉瓦ヲ混用シ……」[7]とある。また，市街地や赤坂御用地内にトンネルを構築した甲武鉄道市街線（現・中央本線飯田橋～新宿間）の工事では，坑門ごとに異なるデザインが採用されるなど，外濠沿いの景観を意識した意匠設計がなされた[8]。

近畿地方における悉皆調査結果では，旧官設鉄道よりも旧私設鉄道のトンネルの方に多種多様な意匠が見られたが，これは他の地方においても同様で，とくに常磐線（旧日本鉄道），信越本線直江津～新潟間（旧北越鉄道），長崎本線・大村線・三角線（旧九州鉄道）などに特別な意匠の坑門が存在した。しかし，明治30年代後半になると一定の様式である図3.1（c）タイプの坑門に収斂する傾向が認められ，トンネル工事の一般化や国有鉄道による一元管理とともにその記念碑的な価値も徐々に失われたものと考えられる。琵琶湖疏水の水路トンネルの坑門で見事な意匠設計を実現した田邊朔郎でさえ，その著書の中で「トンネルの洞門は

写真3.19　竣工時の新逢坂山トンネル（大津～山科）の坑門

人のあまり見えざるところでは堅固でありさへすれば宜しくあまり飾らないが，場所によっては相当立派にしたものもある。」[9] と簡潔に述べ，また北海道帝国大学附属土木専門部主事・坂岡末太郎も「坑門ノ構造ハ可成簡単ナルヲ要ス。市街内ニアルモノハ市ノ面目ヲ飾ルガ為メニ種々美術的ノ装工凝ラスハ固ヨリナルモ，山間隧道坑門ニ対シテ徒ラニ費用ヲ嵩スルノ細工ヲ施スハ決シテ策ノ得タルモノニアラザルナリ。即チ坑門壁ハ背部ヨリ来ル土圧及ビ滑土ニ対シテ安全ナレバ足ルナリ。」[10] と，当時のトンネル坑門に対する意匠設計の考え方を述べた。

とはいえ，国家的プロジェクトや都市部のトンネルに対してはその伝統が受け継がれ，1921（大正10）年に竣工した東海道本線大津～京都間の線路変更工事では，東山トンネル，新逢坂山トンネルに対して，写真3.19に示すような特別な意匠設計が採用された。記録によれば，「坑門畳築ニハ煉瓦（第二種0.74尺×0.19尺×0.36尺）及石材（花崗岩質）ヲ用ヒタルガ市街地ニ接スルヲ以テ相当装飾ヲ施シタリ。即チ拱石額石及上部飾石ハ小叩キトシ隅石及帯石ハ江戸切トナシ表面煉瓦ハ薬掛鼻黒及横黒ヲ用ヒ尚坑門正面ニハ左ノ題字ヲ提ゲタリ。」[11] という記述があり，これらの坑門設計が，都市部における景観を配慮したものであることを明らかにしている。また，コンクリート時代における代表的なトンネルで，完成時に日本最長を誇った1931（昭和6）年竣工の上越線・清水トンネル（上り線）や，1934（昭和9）年竣工の東海道本線・丹那トンネルなどの坑門は，場所打ちコンクリートではなく石積みで建設され，その存在にふさわしい配慮が見られた。写真3.20は清水トンネル入口方の坑門を示したもので，写真3.21に示すように坑門の石積みを行った施工者の銘が刻まれており，重厚なデザインの坑門とともにこれを仕上げた職人たちの誇りを今に伝えている。しかし，これらのトンネルを除けば大正中期以降の鉄道トンネルの坑門にはほとんど見るべきものが失われ，

写真3.20 清水トンネル（湯檜曽〜土樽）の坑門　　写真3.21 清水トンネルの銘

トンネル工事がかつてのような難工事でなくなり，またコンクリート系材料が一般的になってからはほとんど配慮されなくなってしまった。

3.3 アーチ橋

3.3.1 アーチ橋の特徴

　鉄道分野でアーチ橋と称している構造物は，2種類に大別することができる。ひとつは，アーチ橋自体が独立して存在する高架橋タイプ（viaduct）で，基本的には構造物の自重とその上部を通過する列車荷重を支える。もうひとつは，盛土の下部に設けられる暗渠タイプのアーチ橋（culvert）で，構造物の自重と列車荷重のほかに盛土の土被り荷重が加わる。このため，暗渠タイプはトンネルと高架橋タイプの両方の性格を持つ中間的な構造物として位置付けることも可能である。しかし，鉄道では高架橋タイプと暗渠タイプをともに橋梁の一種として扱っており，実際の構造物でも両者を厳密に区分することが困難なため，本書ではアーチ橋と総称し，一括して扱うこととした。

　暗渠タイプのアーチ橋は，地中に空間を設けるという点でトンネルと同じ坑土圧構造物の一種であり，その外観も酷似している。このため，しばしば"トンネル"と混同して紹介されることがあるが，その施工法を比較すると構造的には全く似て非なるものであることがわかる。すなわち，トンネルが地中を掘削しながら覆工を畳築するのに対し，暗渠は躯体を構築してから覆土で埋設するといういわゆる開削工法と類似した施工法による点が異なる。

　このため，トンネルが覆工に作用する荷重をすべて圧縮力とみなして設計されるのに対し，暗渠タイプのアーチ橋は埋め戻しの際の偏荷重をある程度考慮しなければならない。図3.3はトンネルと暗渠タイプによるアーチ橋の断面を比較し

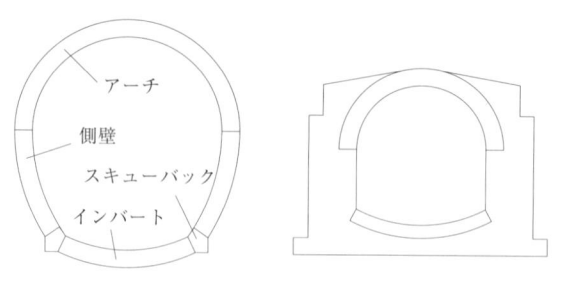

図3.3 トンネル（左）と暗渠（右）の断面の違い

たもので，トンネルは一定の厚さで覆工を巻くが，暗渠は一対の橋台の上にアーチを載せたような構造となっていることが理解できる。こうした構造は開削工法によるトンネルも同様で，例えば天井川に設けられた河底トンネルの断面は，暗渠タイプのアーチ橋と同じ考え方で設計される。

3.3.2 アーチ橋のデザイン
(1) アーチ橋の形状

アーチ橋の形状は，アーチ構造物という点ではトンネルとほとんど変わらないが，詳細に観察するといくつかの相違点を見出すことができる。トンネルにおけるアーチ部分の形状は，単心円（主に半円）や多心円（偏平三心円または中高三心円）などで構成されるが，単心円はアーチ橋でも多用されているものの，多心円はほとんど例がなく，代わりに欠円アーチが顕著に見られる。写真3.22は，半円アーチの例として長崎本線・元釜第三橋梁を示したもので，ごく一般的なアーチ橋のスタイルである。これに対して欠円アーチは，写真3.23に示す鹿児島本線・川原橋梁のように，ライズ（アーチの高さ：rise）をできるだけ低く抑え，径間を確保する場合に用いられる。多心円アーチは2種類があり，このうち扁平三心円は，明治時代初期の構造物に用いられた程度である。もう一種類は俗に"ビリケン拱"と呼ばれる中高五心円の尖頭形アーチで，コンクリートアーチ橋の標準設計として制定された断面を煉瓦構造物にも適用したものである（6.3.2参照）。ちなみに，わが国で二次放物線や懸垂曲線が鉄道アーチ橋に用いられるのは，鉄筋コンクリートの時代になってからのことである。

(2) アーチ橋の形態

トンネルの坑門に相当するスパンドレルは，(a) 壁体がないもの，(b) 壁体の上部が水平に仕上げられているもの，(c) 壁体の上部が斜めに傾斜しているもの，(d) 壁体の上部が階段状に仕上げられているもの，の4タイプに分類される。

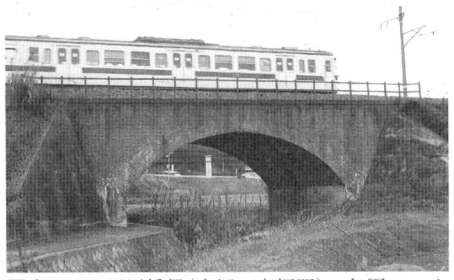

写真3.22 元釜第三橋梁（大草～本川内）の半円アーチ

写真3.23 川原橋梁（東郷～東福間）の欠円アーチ

写真3.24 浜田川橋梁（東別府～西大分）

　（a）タイプは，日豊本線・西口疎水隧道がこれまでのところ唯一の事例で，岩盤をトンネルと同様に水平に掘削して完成したいわゆる疎水隧道であるという特殊な条件によるためと考えられる。この西口疎水隧道では，アーチ部を煉瓦構造とし，側壁に場所打ちコンクリート構造を採用しており，煉瓦からコンクリートの時代へ移行する過渡期の構造物としての特徴も持っている。（b）タイプと（c）タイプの適用区分は，スパンドレルと線路の位置関係によって決まり，線路に対して平行に位置する場合は写真3.22に示した元釜第三橋梁のように上部が水平に仕上げられているが，斜めに位置する場合は法面勾配に合わせるために壁体の上部を斜めに傾斜させることがある（4.2.4（1）参照）。また，（d）タイプは（c）タイプの一種と考えられるが，現在までのところ写真3.24に示す日豊本線・浜田川橋梁の1例しか確認されていない。

（3）壁柱

　壁柱を持つアーチ橋（のちにバットレス補強したものを除く）は極めて数少な

写真3.25 羽州街道架道橋（赤湯～中川）の壁柱

く，**写真3.25**に示す奥羽本線・羽州街道架道橋，信越本線・旧碓氷第三橋梁，東海道本線・旧半場川橋梁（上り線），近畿日本鉄道吉野線・薬水拱橋など数例のみしか確認されていない。このうち，暗渠タイプである羽州街道架道橋，旧半場川橋梁（上り線），薬水拱橋は，いずれも比較的規模の大きいアーチ橋であることから，構造物に安定感を与えるために壁柱を設けたものと推定される。これに対して高架橋タイプの旧碓氷第三橋梁は，旧国道に面した側にしか壁柱が存在しないことから，道路側からの視線を強く意識するとともに，保線作業員の待避所としての機能を兼ねて壁柱を設けたものと思われる。壁柱がトンネルほど多用されない理由としては，スパンドレルの両側に併設される翼壁によってある程度支持されていること，トンネルに比べて規模が小さい構造物が多いことなどが考えられる。

(4) 笠石

笠石は，トンネルの笠石と同様に水切りとしての役割を果たしていると考えられ，煉瓦または石積みによって構成されている。煉瓦による場合はしばしば装飾帯の技法が見られ，常磐線，中央本線，草津線，和歌山線，香椎線，日豊本線，日田彦山線のアーチ橋に散見される。

(5) 帯石

アーチ橋ではトンネルと異なって帯石が省略される場合が多く，装飾帯の技法もほとんど見られない。**写真3.26**は，格子帯のある近畿日本鉄道吉野線・薬水拱橋を示したものである。

(6) 要石

写真3.26 薬水拱橋（薬水〜福神）の装飾帯と扁額

写真3.27 大和街道架道橋（加太〜柘植）の迫石　写真3.28 第二三四号橋梁（伊賀上野〜島ヶ原）の迫石

　アーチ橋における要石は，トンネルほど顕著には見られないが，比較的規模の大きいアーチ橋を中心にいくつかの例がある。その分布は全国に散在し，線区による偏りも見られないことから，それぞれの現場の判断で設けられたものと推定される。なお，要石は一般に石材を用いるが，写真3.26に示した近畿日本鉄道吉野線・薬水拱橋は，石材の代わりに煉瓦を組み合わせて要石のように突出させた珍しい例である。

(7) 迫石

　アーチ橋では石材を用いた迫石はあまり用いられず，煉瓦の粗迫持のまま仕上げられる。とくにスパンドレルが煉瓦造である場合はほとんどが粗迫持を用いるが，写真3.27に示す関西本線・大和街道架道橋は，五角形に整形された要石や扁額のスペース（揮毫はなし）を備えていることから，主要街道がくぐることを意識して迫石を施したものと考えられる。また，写真3.28に示す関西本線・第二三四号橋梁は，アーチの外側を石材，内側を煉瓦巻（2枚巻）とした複合的な構造

写真3.29 中尾橋梁（柚須〜原町）の迫受

写真3.30 古川筋橋梁（木戸〜竜田）の迫受石

写真3.31 清水橋梁（周防下郷〜上郷）の迫受石

を持つ特殊なもので，楯状に整形された迫石とともに極めて特徴的なデザインとなっている。

(8) 迫受石

　暗渠タイプのアーチ橋におけるアーチと側壁の接続部分は，写真3.29に示す篠栗線・中尾橋梁のように，スプリングラインの部分で途切れており，トンネルのようにアーチの煉瓦積みが側壁下部まで連続しないのが特徴である。これは，図3.3で模式的に示したように，側壁部分がアーチを支えるための橋台としての役割を担うためで，迫受部分はアーチから伝達された荷重を鉛直荷重として支えるような構造となっている。

　しかし，欠円アーチでは，アーチから伝達される荷重が斜め方向に作用することになるため，迫受石を設けてこれを受け止める構造が多用される。写真3.30に示す常磐線・古川筋橋梁はその一例を示したもので，楔形に加工した石材をスプリングラインに並べてアーチを支えている。この場合，煉瓦材料の中に石材が挟まることとなるため，併せて装飾的な効果も発揮されることとなる。これに対し

写真3.32　第二後里見橋梁（加太～柘植）の迫受

写真3.33　京津線乗越跨線橋（大津～山科）の高欄

て写真3.31に示す山口線・清水橋梁では，スパンドレルと橋台が石材でできているため，迫受石の存在は目立たない。

一方，半円アーチの中には，スプリングラインの橋台部分を若干迫出させたアーチ橋がいくつか存在し，写真3.32に示す関西本線・第二後里見橋梁などの例がある。なお，関西本線および草津線のアーチ橋のスプリングラインには蛇腹などの装飾帯を観察できる（2.4.6参照）。

(9) パラペット・高欄

パラペットの部分は，暗渠タイプのアーチ橋の場合，トンネルの坑門と同様に背面の土砂を受け止めるポケットとしての役割を果たし，高架橋タイプのアーチ橋の場合は高欄としての役割を果たす。この部分は，最も目立つ位置であるためか，トンネルと同様にしばしば特徴的な煉瓦積みを観察することができる。フランス積みを用いた構造物としては，信越本線・旧碓氷第六橋梁の高欄部分，関西本線・第一六五号架道橋のパラペット部分の2例がある。旧碓氷第六橋梁の工事

写真3.34　国分橋梁（貴生川〜三雲）の社紋

写真3.35　万世橋架道橋（神田〜御茶ノ水）のメダリオン

写真3.36　万世橋高架橋（神田〜御茶ノ水）の北面　　写真3.37　万世橋高架橋（神田〜御茶ノ水）の南面

記録には「線路ハ山涯ノ最険ナル処ヲ過ギ，国道之ニ沿ヘルヲ以テ橋欄ヲ長クス。」[12] とあり，国道の存在を意識して高欄の設計に意を払ったことが示されている。このほか，写真3.33に示す東海道本線・京津線乗越跨線橋の高欄に見られるように凹凸を施して装飾とした例もあるほか，4.3.2(2)①で紹介する奥ヶ谷池架道橋のようにパラペットに矢筈積みを用いた例がある。

(10) 扁額・社紋・メダリオンなど

扁額や社紋を掲げたアーチ橋は数少なく，写真3.27で示した関西本線・大和街道架道橋（扁額のスペースのみで揮毫はない），写真3.26で示した近畿日本鉄道吉野線・薬水拱橋に見られる「薬水門」の2例がある。また写真3.34に示す草津線・国分橋梁のパラペットには，煉瓦により関西鉄道社紋が掲げられている。

メダリオン（medallion）を掲げた例としては，中央本線・東京万世橋間市街線があり，写真3.35に示すメダリオンが，中央通りをまたぐ万世橋架道橋を挟んで第二小柳町橋高架橋側と万世橋高架橋側とに備わっている。このほか，新永間市街線高架橋，東京万世橋間市街線高架橋のスパンドレルには，写真3.36，写真3.37に示す円形のメダリオンが取り付けられており，装飾的効果を発揮している。

(11) 側壁の突起

アーチ橋は鉄道が道路または水路をまたぐために建設されるが，橋台に突起を設けてこの上に木桁を渡し，敷板を敷いて道路と水路の兼用とする構造がしばしば用いられる。現在ではほとんど上部を舗装して水路を暗渠化しているため，この構造を確認できるアーチ橋は数少ないが，写真3.38に示す東海道本線・旧政所川橋梁（2代目）などの例があり，現在も敷板の一部が残存している。

また，アーチ構造物ではアーチ部分の煉瓦を巻くためにセントル（支保工：

写真3.38 旧政所川橋梁（深谷～近江長岡）の敷板

写真3.39 旧碓氷第三橋梁（横川〜軽井沢）の台座

centre）を仮設するが，背の高いアーチ橋ではこのセントルを中空に架けるために突起を設ける場合がある。現在のところその痕跡が確認されている唯一の例は，写真3.39に示す信越本線・旧碓氷第三橋梁のみで，上部に残存する鋼棒にワイヤーを引っ掛け，砂箱の錘をぶら下げてバランスをとりながらセントルを下降させていた。

3.3.3　アーチ橋のデザイン思想

　トンネルでは，その延長が構造物の記念碑的地位を表す尺度となっていたが，アーチ橋の場合はその規模（とくに径間）に加えて，人々の視線にさらされるかどうかが判断基準のひとつになっていたと考えられる。トンネル坑門の場合は，列車の車窓からその姿を視認することは困難であったが，線路の下を道路がくぐるようなアーチ橋では，道路を行き交う人々の視線を意識した意匠設計が行われる場合があった。このことは，奥羽本線・羽州街道架道橋，中央本線・信州往還架道橋，関西本線・大和街道架道橋，伊賀街道架道橋など，線路をくぐる主要街道のアーチ橋に優れたデザインが多く見られることからも明らかである。また，都市部における本格的な煉瓦高架橋として完成した新永間市街線などでは，円形のメダリオンを取り付けたり，軒飾りを施すなどの意匠が凝らされ，その意匠設計に対して配慮がなされていたことがうかがえる。

3.4　橋梁下部構造

3.4.1　橋梁下部構造の特徴

　橋梁下部構造は，橋梁上部構造（鉄桁またはコンクリート桁）を支えるために

第3章　煉瓦構造物のデザイン　101

写真3.40　旧遠賀川橋梁（水巻〜遠賀川）の橋台

写真3.41　旧水道上陸橋（京橋〜桜ノ宮）の橋台

設けられ，その役割によって橋台と橋脚の2種類に大別される。しかし，この2種類は，目的は同じであるが構造的には異なる構造物である。

　地上部分と橋梁の境界に設けられる橋台は，橋梁からの鉛直荷重を支えつつ盛土側からの土圧にも抵抗する必要があり，このため重力式土留壁に近い構造で設計される。これに対して橋脚は，橋梁と橋梁の中間に設けられる柱状構造物で，主として橋梁から作用する鉛直荷重を支える。また，河川に設けられる場合は河川の流水圧も考慮した構造としなければならず，その結果として様々な断面形状の橋脚が存在する。このように，両者は形態的にも構造的にも異なるが，上部構造を含めて橋梁全体を構成する構造物であるため，ここでは併せて考察することとした。

　橋梁下部構造は，文字通り縁の下の力持ちとしての役割を担うため，他の構造物に比べて顕著な意匠は付加されないが，使用目的を考慮した独自の造形をいくつか見出すことが可能である。そのひとつが橋梁の支承部分に設けられる床石（ベッドストーン：bedstone）で，この部分はとくに強度や耐久性を増す必要があるため，煉瓦ではなく切石を嵌め込んでこれを支える構造とすることが多い。この床石は，橋梁の主桁の直下に設けられるため，その幅から架設されていた橋梁の主桁の幅を推定することが可能である。写真3.40は，鹿児島本線・旧遠賀川橋梁橋台を示したもので，かつて主桁間隔16フィート（5.48m）クラスの下路プラットトラスが架かっていたため，床石の幅も広くなっている。また橋梁は，河床面の上昇，堤防の嵩上げなどによってより高い位置に架け換えられることが多いため，床石の位置を調べることによって橋梁の架換え位置の変遷をたどることが可能となる。写真3.41はその一例として大阪環状線・旧水道上陸橋橋台を示し

たもので，床石が上下に2段あることから，隣接する淀川橋梁の架換えに伴って路盤面の嵩上げが，さらに城東線高架工事の際に場所打ちコンクリートで2度目の嵩上げが行われたものと考えられる．また，床石の幅に着目すると，上段の床石が下段の床石の幅よりも広いことから，架換えと同時により主桁間隔の大きい桁に架け直されたことが推定できる．

橋梁下部構造はまた，流水や道路交通など，橋梁の下をくぐる異物の衝突から桁を守るため，隅石を設けて隅部の強度増加を図る場合がある．隅石はアーチ橋やトンネルなどでも用いられるが，橋梁下部構造ではとくに顕著に見られ，このうち橋脚ではその断面形状とともに隅石の配置にも様々な種類が見られる．

3.4.2 橋梁下部構造における標準設計

橋梁下部構造は，橋梁上部構造とともに土木構造物としては比較的早い時期に標準設計が定められ，1893（明治26）年7月，鉄道庁により制定された「鉄道版桁橋台及橋脚定規」によって初めて規格化された．その条文は下記のような内容であった[13]．

鉄道版桁橋台及橋脚定規（明治二十六年七月・鉄道庁）
橋台及橋脚ノ高三拾呎以上ナルトキハ，本定規ニ拠ラス特別ノ設計ヲナスヘシ．
橋台及橋脚ノ前面及左右ハ，貮拾四分一ノ傾斜ヲ付スヘシ．
　但シ径間ノ長短ニヨリ，其高サ拾貮呎以下若クハ拾伍呎以下ナルトキハ，図中点線ニテ示ス如ク総テ垂直トナスヘシ．
橋脚水切ノ形状及寸法ハ本図ニ之ヲ除ケリ．故ニ実地ノ情況ニ応シ，適当ノ計画ヲ以テ之ヲ増築スヘシ．
橋台ノ背部ハ，本図ニ示セル傾斜線ニ法トリ小段ヲ設クヘシ．
鉄桁ニ関スル寸法ハ，旧新ノ計画ニ依リ多少ノ差異アリ．本定規ニ示セルモノハ新鋼鉄桁ニ従フモノトス．

図3.4はこの定規によって定められた橋台・橋脚の形状を示したもので，高さ30フィート（9.14m）以上については「橋台及橋脚定規」以外の特別な設計によることとし，水切りの形状については現地の状況に応じて設計することとしてとくに定めていなかった．なお，この定規は当時の官設鉄道の路線に対して適用されたものであり，鉄道国有化が行われる1907（明治40）年以前の私設鉄道や，1893（明治26）年以前の官設鉄道ではそれぞれ個別に設計されていたものと考えられる．

「鉄道版桁橋台及橋脚定規」は1917（大正6）年3月20日付・達第200号で改定さ

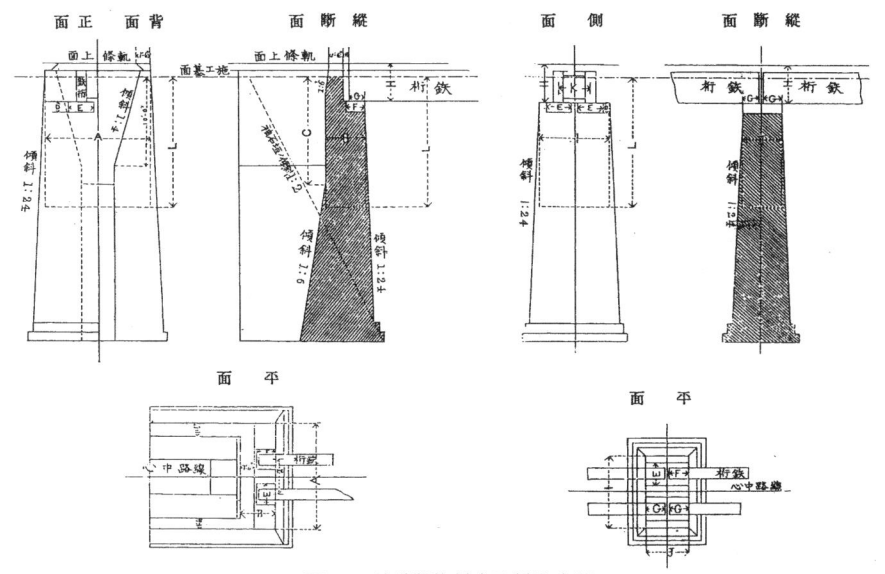

図3.4　鉄道版桁橋台及橋脚定規

れ，「鉄道鈑桁並轢圧工形桁橋台及橋脚標準」が新たに制定されるが，その材料については「橋台橋脚ノ材料ハ，石材，煉化石及混凝土孰レヲ使用スルモ差支ナシ。」と規定され，コンクリート，石材，煉瓦の使用を認めた。しかし，現実にはこの時代になるとコンクリート材料が普及を開始していたため，この設計標準でつくられた煉瓦・石積みの橋梁下部構造は数少なかったものと考えられる。達第200号は，前回の「鉄道版桁橋台及橋脚定規」に比べて側面の勾配を橋台・橋脚の高さに応じて微妙に変化させたほか，橋脚の断面形状として円形，矩形，楕円形の3種類が標準設計として示された。また，「上路鈑桁並轢圧工形桁用甲型橋台参考図」（一般橋梁に用いるもの），「上路鈑桁並轢圧工形桁用乙型橋台参考図」（上路鈑桁および轢圧工形桁のうち架道橋その他特別な地形に用いるもの），「轢圧工形桁用丙型橋台参考図」（轢圧工形桁で架道橋その他特別な地形に用いるもの），「上路鈑桁並轢圧工形桁用橋脚参考図」（上路鈑桁架違用橋脚参考図を含む）が別途示され，躯体体積図表，基礎応力度図表，設計計算の詳細（仮定条件，衝撃係数，地震時の許容加速度，設計計算例など），各径間ごとの標準設計図面が公表された。

3.4.3　橋台におけるデザインの特徴

　橋台は，抗土圧構造物の一種として設計されるため，重力式の土留壁に似た構

写真3.42　天神野川橋梁
（魚津〜黒部）の橋台

写真3.43　大樽橋梁（上有田〜有田）の橋台

造を持つ。煉瓦・石積みによる標準的な橋台は，図3.6に示すように，背面の煉瓦は下部ほど厚くなるよう階段状に積まれる。このような構造の橋台を重力式橋台と称し[14]，主として構造物自体の自重により安定を保つ。

　橋台は，平面形状によっていくつかの形態に分類され，一般には写真3.42に示す北陸本線・天神野川橋梁橋台のように，盛土部分から橋台が突出した凹型（U型）橋台が用いられ，これに翼壁（ウイング：wing）と呼ばれる土留壁が付随する。この翼壁と橋台を一体化させたものが翼付橋台で，写真3.43に示す佐世保線・大樽橋梁橋台はその例である。

　橋台は橋梁の両端に位置するため，とくに長大橋梁では目立たない存在となりがちである。このため，橋台に対して特別なデザインが施される例は極めて少ないが，橋台が河川に突出して設けられるような場合は，自重の軽減や避溢橋を兼ねてアーチ構造による開口部を設ける場合があり，写真3.44に示す信越本線・旧上碓氷川橋梁などの例がある。

　橋台に見られる装飾的要素としては，写真3.45に示す奥羽本線・小国川橋梁のようにパラペット部分に帯石を巻いたものがある。帯石は単純に煉瓦や切石を並べただけのものが多く，装飾帯のような複雑な技法は見られない。また筑豊本線の一部の橋台には，写真3.46に示す第一折口橋梁のように曲線区間のカント（cant：鉄道の曲線区間において車両が安定して走行できるよう内軌側より外軌側のレールを高くした時の高低差）に合わせて煉瓦で傾斜を付けた構造が見られるが，他の線区では未見であり，それほど一般的な技法ではなかったようである。

　なお，橋台ではアーチ橋と同様に，敷板を渡すために突起を設ける場合があり，写真3.47に示す関西本線・大野用水橋梁，南沢橋梁の2例のみが確認されている。

写真3.44 旧上碓氷川橋梁（松井田〜西松井田）の橋台

写真3.45 小国川橋梁（舟形〜南新庄）の橋台

写真3.46 第一折口橋梁（中間〜筑前垣生）の橋台

写真3.47 大野用水橋梁（蟹江〜永和）の橋台

3.4.4 橋脚におけるデザインの特徴

図3.5は，これまでの現地調査によって明らかとなった橋脚の断面形状を分類したものである。こうした橋梁下部構造の形態分類については小西純一による研究事例があり[15]，やはり現地調査結果に基づいて"円形""楕円形""小判形""舟形""尖頭形""長方形"の6種類に大別している。本書も基本的に小西の分類を踏襲しているが，"楕円形"と"小判形"は今回のような目視を主体とした観察調査では判別が困難であったため，両者を"小判形"として一括して扱った。また，異なる断面を上下で組み合わせたタイプを"複合形"と称し，追加区分した。

橋脚の断面形状は，流水圧と深く関わっているが，先述のように1893（明治26）年7月，鉄道庁制定の「鉄道版桁橋台及橋脚定規」では，現地の状況により適当な設計を行うこととしており，とくに厳密に規定されていなかった。その後，1917（大正6）年3月20日付・達第200号「鉄道鈑桁並輾圧工形桁橋台及橋脚標準」

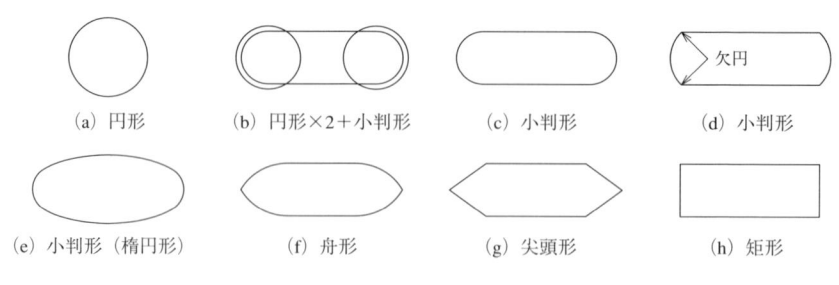

図3.5　橋脚の断面形状

(a) 円形　(b) 円形×2＋小判形　(c) 小判形　(d) 小判形（欠円）
(e) 小判形（楕円形）　(f) 舟形　(g) 尖頭形　(h) 矩形

で，橋脚の断面形状として円形，矩形，楕円形の3種類が初めて定められた。

(1) 円形断面

　円形断面の橋脚は，写真3.48に示す武豊線・石ケ瀬川橋梁のように橋脚断面の中でも最も単純な形であるが，流水に対する断面係数が小判形よりも大きくなるためか[16]，適用例は少ない。また，上部構造がトラス橋や複線桁のように大規模になると単柱では対応できなくなるため，2柱式の橋脚が用いられる。これは，円形ウェル2基を基礎としてその間をアーチなどでつないで一体化させた構造のもので（いわゆる"夫婦ウェル"），上部は小判形の断面となるのが一般的である。写真3.49は阪急電鉄千里線・新神崎川橋梁を示したもので，同線の前身である北大阪鉄道に払い下げられた際に旧東海道本線のトラス橋の橋脚を一部流用したため，3径間おきに円形断面2基の橋脚が残存している。

(2) 小判形断面

　小判形断面は，上流方と下流方の両方を丸くしたタイプと，上流方のみ丸くしたタイプの2種類に大別される。写真3.50は両側を丸くしたタイプのうち，根室本線・芦別川橋梁を示したもので，すべて煉瓦積みでできており隅石を挟まない例である。また，図3.6，写真3.51に示す中央本線・多摩川橋梁は，基礎部分が煉瓦構造の楕円形ウェルで，流水にさらされやすい橋脚下部は石積み構造となっている。これは，煉瓦よりも強度や耐摩耗性に優れた石材を橋脚下部や隅石として用いることによって，耐久性の向上を図ったものと考えられる。

(3) 舟形断面

　舟形断面は，写真3.52に示す関西本線・木津川橋梁のように水切りの先端を曲面で尖らせたタイプで，流水圧は小判形よりも減少する。小判形と同様，先端と四隅に隅石を配置する場合があり，主として規模の大きい橋脚に見られる。

(4) 尖頭形断面

　尖頭形は，先端を直線で尖らせたタイプの断面で，舟形よりも一般的に用いら

写真3.48　石ケ瀬川橋梁（大府～尾張森岡）の橋脚

写真3.49　新神崎川橋梁（下新庄～吹田）の橋脚

れている。写真3.53は平成筑豊鉄道伊田線・嘉麻川橋梁を示したもので，上流方と下流方の両方を尖頭形で仕上げ，先端と四隅に隅石をはめたタイプである。

(5) 矩形断面

　矩形の橋脚は，長方形の平面を持つもので，流水圧が大きくなるため事例は多くないが，流量の比較的少ない河川や，流水圧を考慮する必要がない陸橋では適用例が見られる。写真3.54は山陰本線・旧高屋川橋梁を示したもので，隅石はなく煉瓦のみで構築されている。

(6) 複合形橋脚

　比較的高さの高い橋脚ではしばしば下部と上部で異なる断面が採用されている場合があり，流水圧を減らす必要のある下部に小判形や尖頭形の断面を用い，上部は施工の容易な矩形断面とする場合が多い。写真3.55に示す奥羽本線・小国川橋梁は，下部に小判形，上部に矩形断面を用いており，材料も下部が石積みであるのに対し，上部は流水にさらされないため煉瓦積みのみとなっている。

3.4.5　橋梁下部構造のデザイン思想

　橋台は，一般に橋の袂（たもと）という最も目立たない場所に位置しているため，山陰本線・保津川橋梁のように名勝地（保津峡）に架かる大橋梁を支え，河川側からもその構造が明瞭に視認できるようなケースを除いて，意匠設計にはほとんど工夫がなされない。これに対して橋脚は，河川の流水をできる限り阻害しないという設計条件を満足させるため様々な断面が工夫され，さらに隅石やアーチによる開口部などの存在によって結果的に多種多様な橋脚が派生したものと考えることができる。ことに川幅の広い河川や，谷の深い（すなわち橋脚の高い）河川に架か

写真3.50 芦別川橋梁
（芦別～上芦別）の橋脚

写真3.51 多摩川橋梁（立川～日野）の橋脚

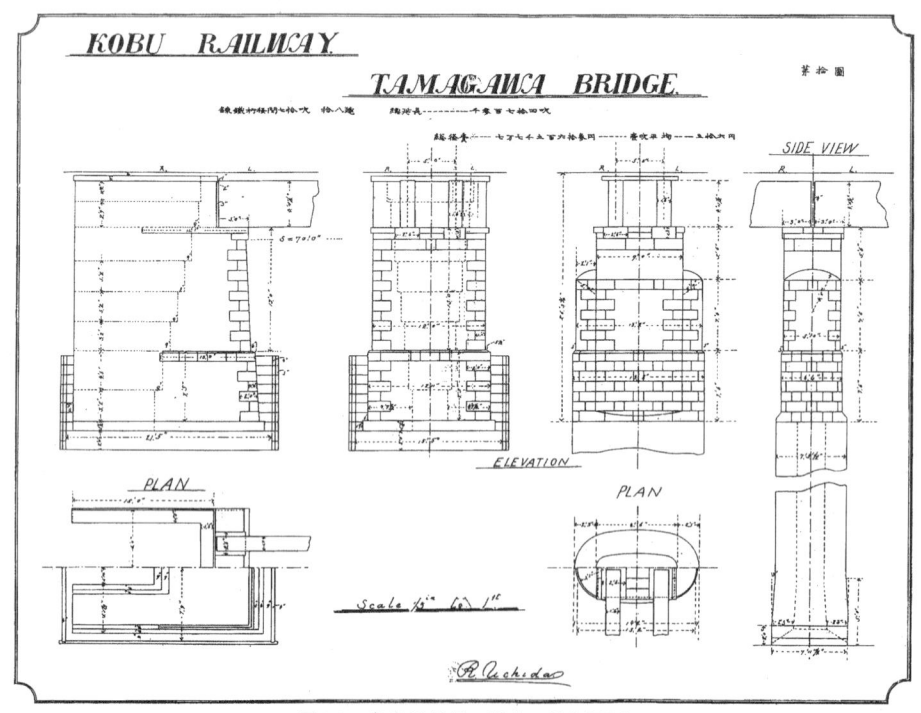

図3.6 多摩川橋梁の橋台・橋脚図面

る橋梁の橋脚は，激しい流水に耐え，スパンの大きな橋梁を支えるためにおのずと大規模にならざるを得ず，必然的にその断面形状や隅石の配置などに工夫が凝らされたものと考えられる。

このように，橋梁下部構造の意匠はあくまでも実用性と機能性を旨としており，

写真3.52　木津川橋梁（大河原～笠置）の橋脚

写真3.53　嘉麻川橋梁（中泉～赤池）の橋脚

トンネルやアーチ橋のように装飾的な煉瓦積みを施すことは，ほとんどなされなかった．

3.5　まとめ

　本章では，煉瓦・石積み構造による土木構造物のデザインを明らかにするため，トンネル，アーチ橋，橋梁下部構造についてそれぞれの特徴を分析した．土木構造物の設計は，機能性，耐久性，施工性，経済性など，実用性を重視した設計が行われる場合が多いため，そのデザインは主として構造的に合理的であるか否かによって支配される傾向が強い．このことは，構造的にほとんど意味を持たない要石や帯石といった装飾的要素がしばしば省略されることからも理解される．とは言え，規模の大きい構造物や，人々の視線にさらされる機会が多い構造物などでは記念碑地位を高めるために種々の装飾を施す傾向も認められ，明治・大正期における技術者が意匠設計に対して全く無関心ではなかったことが示された．この点は，当時の工事記録からも断片的にうかがい知ることができ，また現存する多くの構造物がそのことを物語っている．例えば，万世橋高架橋では，**写真3.36**，**写真3.37**に示すように，神田川に面した北面には隅石が設けられているが，反対側の南面は隅石が省略されており，明らかに神田川の水面からの景観を意識した意匠設計が採用されている．

　こうした土木構造物の意匠は，トンネルの項でも指摘したように，明治20年代の私設鉄道の発達と共に開花し，各社の設計によって様々な形態のものが登場した．この中には関西鉄道のようにアーチ橋のスプリングラインに蛇腹を施したり，

写真3.54　旧高屋川橋梁(胡麻〜下山)の橋脚　　写真3.55　小国川橋梁(舟形〜新庄)の橋脚

坑門に社紋を掲げるなどディテールにこだわった会社もあれば，甲武鉄道のように市街地におけるトンネルの坑門に別々の意匠を採用した会社もあった。その一方で，阪鶴鉄道のように石積みを主体として無用な装飾はほとんど施さない会社もあり，それぞれの会社（あるいは設計者）の個性がこれらの構造物の意匠にも反映されたものと考えられる。これに対して，官設鉄道の構造物は無駄のない堅実な意匠のものが多く，装飾的要素にも乏しい傾向が見られる。このことは，明治期を代表する鉄道土木技術者として活躍した長谷川謹介の伝記にも具体的な記述が見られ，「長谷川氏の施工方針は廉く，早く，そして丈夫なものを造るに有った。従て体裁などは構はない。寧ろ態々地味に観せる程であった。是が又非常に井上鉄道局長の気に入ったのである。隣丁場の小川資源氏は派手好きで，建物も体裁良く，青森付近数カ所の隧道坑門口は悉く変った設計で美術的には面白いもので有った。然し井上局長はこんな事は大嫌ひで，小川氏に向て工事は総て実用向きを主とすべきで，その適例として長谷川の造った盛岡停車場を視てくるが良いと注意される様な状態であった。」[17] と述べられていることからもうかがえ，最高責任者であった井上勝の設計思想が色濃く反映されたものと考えられる。明治期の官設鉄道は，限られた予算の範囲でいかに線路を伸ばすかということに主眼が置かれたため，無駄を省いた質実剛健とも言うべき構造物が理想とされたことは想像にかたくない。

このため，1907（明治40）年の鉄道国有化によって組織が一元化すると私設鉄道の個性も失われ，各線区ではほぼ同じ意匠の構造物が登場するようになってしまった。井上の意を体した長谷川謹介が台湾総督府鉄道部から東部鉄道管理局長

(のち技監，副総裁へと栄進）として鉄道院に復帰するのは1908（明治41）年であり，国有化に伴う業務の効率化，標準化，規格化という流れの中で官設鉄道の設計思想が主流を占めるようになったものと考えられる．そして，特別な意匠設計は，東海道本線・新逢坂山トンネル，東山トンネル，丹那トンネル，上越線・清水トンネルといった記念碑的な地位を持つ構造物のみに許される"特権"と化してしまうのである．

[第3章 註]
1) 例えば，伊東忠太「橋梁美に就て」『土木学会誌』Vol.11，No.5，1925など
2) 橋梁のデザインについては例えば，馬場俊介「フランスの歴史的石造アーチ橋の形態と意匠」『土木史研究』No.11，1991などの研究例がある．なお，橋梁以外の構造物についても，近年の土木学会を中心とした近代化遺産調査などを通じて分析がなされつつある
3) 小野田滋，菊池保孝，須貝清行，古寺貞夫「近畿圏の鉄道トンネルにおける坑門の意匠設計とその特徴」『土木史研究』No.13，1993，p.5による
4) 前掲3），p.6による
5) 前掲3），p.6による
6) 同様の指摘は，ハインリッヒ著，宮本裕・小林英信訳『橋の文化史——桁からアーチへ——』鹿島出版会，1991，pp.25～26（原著はHeinrich, B., *Brücken: Vom Balken zum Bogen*, Rowohlt Taschenbuch Verlag GmbH, 1983）でもなされている
7) 渡邊信四郎「碓氷嶺鉄道建築署歴」『帝国鉄道協会会報』Vol.9，No.4，1908，p.507
8) 菅原恒覧『甲武鉄道市街線紀要』甲武鉄道，1896，p.29には，「拱門口ハ各趣向ヲ異ニシテ工事ノ方法皆ナ同シカラス」とある．甲武鉄道市街線建設に関わる景観思想については，丸茂弘幸，青木太郎，木下光「甲武鉄道延伸に関わる審議過程に現れた東京市区改正委員会の景観思想」『都市計画論文集』No.34，1999などの研究事例がある
9) 田邊朔郎『とんねる』丸善，1922，p.79
10) 坂岡末太郎『最新鉄道工学講義・第二巻』裳華房，1912，p.406
11) 『大津京都間線路変更工事誌』鉄道省神戸改良事務所，1923，p.129
12) 前掲7），p.495
13) 『例規類纂』鉄道作業局建設部，1900，pp.64～67
14) 組積造のものは基本的にすべて重力式で，コンクリート構造には半重力式，逆T式，控え壁式，ラーメン式などの構造がある
15) 小西純一「明治時代における鉄道橋梁下部工序説」『土木史研究』No.15，1995
16) 例えば，『無筋コンクリートおよび鉄筋コンクリート土木構造物の設計基準（案）』日本国有鉄道，1955，p.9では，流水圧に対する断面形状の影響について，$P=KAV^2$と表し（ここにP：流水圧力，K：橋脚の断面形状による係数，A：橋脚の鉛直投射断面積，V：表面流速），円形断面でK＝0.03，小判形断面でK＝0.025，長方形断面でK＝0.05，正方形断面でK＝0.055という係数を与えた
17) 杉浦宗三郎『工学博士長谷川謹介伝』長谷川博士伝編纂会，1937，pp.198～199

第4章

特殊な煉瓦構造

4.1 はじめに

　わが国に現存する数多くの鉄道用煉瓦構造物の中には，現在の土木技術ではにわかに理解しがたい奇妙な構造を持つものがいくつかある。その代表的な存在が，ここで取り上げる"ねじりまんぽ"および"下駄っ歯"の構造物である。これらの構造物については，どちらもその存在が指摘されてはいたが，これまで十分な考察が行われないまま今日にいたっており，誰が，何の目的でこのような技法を用いたのかについては明らかにされていなかった。

　"ねじりまんぽ"は，煉瓦造によるアーチ橋にごくまれに見られる構造で，アーチ部分の煉瓦をねじったように積む独特の技法である。この構造を持つアーチ橋は，関西地方を中心として全国各地に散在し，なかにはコンクリートブロック造のものも含まれる。また，年代的には，明治初期から大正時代の構造物に見ることができ，煉瓦積みの技術とともに存在した技法であると考えられる。

　一方，"下駄っ歯"は，北九州地域におけるごく一部の路線のアーチ橋や橋梁下部構造のみに見られる地域性の強い技法で，煉瓦や石材を1段ごとに突出させて下駄っ歯状に仕上げている。この構造についてはすでにいくつかの文献等で指摘されていたが，なぜわざわざ"下駄っ歯"で仕上げたのかという点については，十分に考察されているとは言い難かった。

　こうした"ねじりまんぽ"や"下駄っ歯"の技法は，いずれもコンクリートや鋼構造物には見られない煉瓦・石積み構造物固有のもので，このことからそれが組積造であるということと密接な関係にあることが容易に想像される。しかも，そのほとんどが鉄道に関係した構造物のみに見られるという点も，注目すべき事実であると言えよう。

　本章では，"ねじりまんぽ"と"下駄っ歯"の存在理由を考察するため，まずそれぞれの分布や形態，特徴などについて現地調査に基づいて整理し，当時の文

献などと照合することによってその適用条件を導くこととした。そして、これらの技法がある一定の条件を持つ構造物に共通して見られることを指摘し、工学的根拠に基づいた技法であることを明らかにした。

4.2 "ねじりまんぽ"の技法

4.2.1 "まんぽ"の語源と"ねじりまんぽ"

"まんぽ"とは、鉄道線路の下をくぐるトンネル状の構造物を表す方言のひとつで、"まんぽ"が石川県、福井県、三重県、京都府、"まんぼ"が新潟県、静岡県、愛知県、三重県、滋賀県、"まんぼう"が長野県、静岡県、滋賀県、奈良県、"まんぼり"が奈良県、"まんぷ"が福井県、京都府など、中部地方から関西地方にかけて広範囲に用いられているとされる[1]。この言葉は、谷崎潤一郎の小説『細雪』のなかにも登場していることで知られ、「お春はマンボウと云ふ言葉を使ったが、これは現在関西の一部の人の間にしか通用しない古い方言である。意味はトンネルの短いやうなものを指すので、今のガードなどゝ云う語がこれに当て嵌まる。もともと和蘭陀語のまんぷうから出たのださうで、左様に発音する人もあるが、京阪地方では一般に訛って、お春が云ったやうに云う。」ととくに注釈入りで紹介されている[2]。東京出身の谷崎はこの言葉がよほど気に入ったのか、『東京で通じない京阪の言葉』のなかでも「マンプー——これも京都だが、田舎の方へ行くとマンブー或はマンボーと云ふ。トンネルの短かいやうなもの、つまりガードのやうな所を云ふので『マンプ越ゆるれば山科や』と云ふ唄さへあるとか。言海を見るとManpooと云ふ和蘭語だとある。さすれば矢張り長崎あたりから伝はつたのかも知れないが、京都附近にだけ残つてゐる外来語であるのが面白い。」と言及している。また、地方によっては暗渠式の農業用灌漑施設（カナート）を指す場合もあり、小規模なトンネル状の構造物を総称した方言と考えられる。

"まんぽ"の語源については、①谷崎が指摘するように外来語に由来するとする説（ただし、「言海」云々は谷崎の思い違いのようでこのような記述は確認されておらず、またオランダ語にもManpooという言葉はないとされる）、②鉱山の坑道を表す古語である"まぶ"に由来するという説、③英語の"マンホール"が訛ったとする説、など諸説があり、未だに明確ではない。そのねじられたものをとくに"ねじりまんぽ"と称し、写真4.1のように京都市左京区の南禅寺付近にはこの名称を用いた看板も掲げられている。したがって、"ねじりまんぽ"は正

第4章　特殊な煉瓦構造　　115

写真4.1　"ねじりまんぽ"の看板（京都市左京区）

式な学術用語ではないが，本書ではこうした構造物を総称する名称がこれまでに定まっていなかったことから，この呼び方を意識的に用いることとした。

　"ねじりまんぽ"は，アーチ部分の煉瓦や石材を故意にねじって積むため，その内部に入ると写真4.2に示す関西本線・鳥谷川橋梁のように煉瓦が螺旋状に並んだ奇妙な空間に身を置くこととなる。こうした"ねじりまんぽ"の存在は，これまでにもいくつかの文献で指摘されていたが[3]，わが国における分布や技法の詳細について体系的に言及した例はなく，その全貌についてはこれまで十分に解明されてはいなかった。このような現状に鑑み，本研究では現地調査によって"ねじりまんぽ"の特徴や立地条件を把握するとともに，"ねじりまんぽ"について解説した当時の文献を調査した[4]。その結果，"ねじりまんぽ"は，"斜めアーチ"（skew arch, oblique arch）の一種で，アーチ構造物の上部を通過する鉄道線路と，その上下をくぐる河川や道路との交差角が直角以外の角度で交わっているような条件下で用いられることなどが明らかとなった。

4.2.2　"ねじりまんぽ"の分布

　"ねじりまんぽ"の技法は主としてアーチ橋に見られるが，天井川の下に開削工法で施工されたトンネルにもこの技法を見出すことができる。図4.1，表4.1は筆者がこれまでに確認した"ねじりまんぽ"の分布状況を示したもので，大半が関西圏に集中しているが，北は新潟県から南は福岡県まで全国に散在しており，この技法が限られた地域で用いられていた特殊な施工法ではなく，全国規模で知られていた普遍性のある技法であったことが理解できる[5]。

　これまで発見された"ねじりまんぽ"のうち，最も古いものは1874（明治7）年に開業した大阪～神戸間の路線に存在する。この区間は，イギリス人技師を中

写真4.2 鳥谷川橋梁（加太〜拓殖）における"ねじりまんぽ"

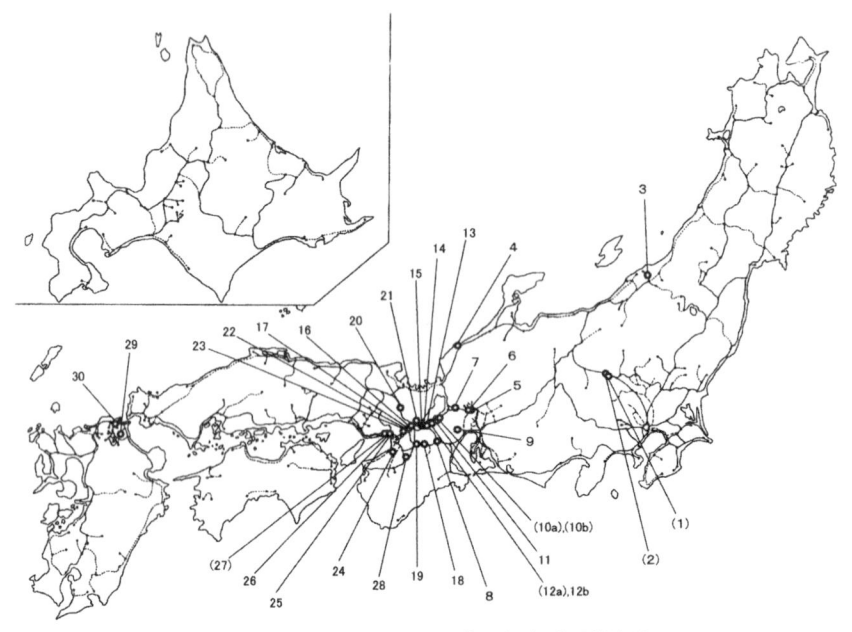

図4.1 "ねじりまんぽ"の分布，（ ）内は撤去済み

心とする雇外国人の指導により建設されており，ここに少なくとも3カ所の"ねじりまんぽ"が存在するという事実は，その起源を考察するうえでも重要な意味を持っている。写真4.3は，このうち東海道本線・安井橋梁を示したもので，ほかの2橋はすでに撤去されるか改修されているため，今やこの区間に現存する唯一の"ねじりまんぽ"として貴重な存在となっている。続いて1876（明治9）年に開業した京都〜大阪間の鉄道にも4カ所が現存しているほか，1880（明治13）

第 4 章　特殊な煉瓦構造　117

表4.1 "ねじりまんぽ"の一覧

No.	構造物名称	路線名	駅間 起点方	駅間 終点方	開業	現状	斜角	正径間 (m)	斜径間 (m)	断面	端面	備考
(1)	旧碓氷第一二橋梁	信越本線	横川	軽井沢	1893	1963頃撤去	右60度	8.45	9.76	欠円	鋸歯	迫受石あり
(2)	旧碓氷第一五橋梁	信越本線	横川	軽井沢	1893	1963頃撤去	右60度	8.45	9.76	欠円	鋸歯	迫受石あり
3	車場川橋梁	信越本線	荻川	亀田	1897	現用	右75度	4.57	4.97	半円	鋸歯	迫受石あり
4	眼鏡橋	えちぜん鉄道	三国	三国港	1913	現用	右50度	4.57	5.90	半円	鋸歯	跨線橋
5	甲中吠橋梁	東海道本線	穂積	大垣	1887	現用	右70度	2.44	2.59	半円	鋸歯	
6	甲大門西橋梁	東海道本線	穂積	大垣	1887	現用	左70度	1.83	2.11	半円	鋸歯	
7	小田原川橋梁	東海道本線	垂井	関ヶ原	1884	現用	左70度	2.44	2.64	半円	ツライチ	
8	鳥谷川橋梁	関西本線	加太	柘植	1890	現用	左70度	4.24	4.94	半円	ツライチ	
9	六把野井水拱橋	三岐鉄道	楚原	上笠田	1916	現用	左40度	5.90	9.14	欠円	ツライチ	コンクリートブロック造
(10a)	旧屋ノ横川トンネル(上)	東海道本線	篠原	野洲	1889	1956頃撤去	-	4.57	-	半円	鋸歯	坑口のみあり
(10b)	旧屋ノ横川トンネル(下)	東海道本線	篠原	野洲	1901	1956頃撤去	-	4.57	-	半円	鋸歯	坑口のみあり
11	市三宅田川橋梁	東海道本線	野洲	守山	1889	現用	左78度	2.41	2.46	半円	鋸歯	
(12a)	旧狼川トンネル(上)	東海道本線	南草津	瀬田	1889	1956頃撤去	-	4.57	5.30	半円	鋸歯	坑口のみあり
12b	旧狼川トンネル(下)	東海道本線	南草津	瀬田	1900	1956廃止	-	4.57	5.30	半円	-	
13	兵田川橋梁	東海道本線	石山	膳所	1889	現用	左60度	2.41	2.81	半円	ツライチ	
14	篠津川橋梁	東海道本線	石山	膳所	1889	現用	左57度	1.80	2.15	半円	鋸歯	
15	旧東川橋梁	東海道本線	大津	大谷	1880	1921廃止	左75度	2.74	3.61	半円	-	
16	馬場丁川橋梁	東海道本線	西大路	向日町	1876	現用	左72度	1.50	1.61	半円	ツライチ	
17	円妙寺架道橋	東海道本線	長岡京	山崎	1876	現用	左68度	1.22	1.32	半円	ツライチ	
18	第二四八号橋梁	関西本線	月ヶ瀬口	大河原	1897	現用	左48度	3.66	4.80	半円	ツライチ	
19	第二七一二号橋梁	関西本線	加茂	木津	1898	現用	左46度	1.67	2.45	半円	ツライチ	
20	第九一二号橋梁	山陰本線	千代川	八木	1899	現用	右45度	1.83	2.59	半円	鋸歯	
21		京都市	琵琶湖疏水		1888	現用	左70度	2.13	2.27	半円	鋸歯	
22	奥田端橋梁	東海道本線	山崎	高槻	1876	現用	左68度	2.44	2.63	半円	ツライチ	
23	門ノ前橋梁	東海道本線	摂津富田	茨木	1876	現用	左68度	2.97	3.20	半円	ツライチ	
24	東除川橋梁	南海電気鉄道	狭山	狭山遊園	1898	現用	左60度	3.66	4.23	半円	ツライチ	
25	安井橋梁	東海道本線	西ノ宮	芦屋	1874	現用	左83度	1.53	1.54	半円	ツライチ	
26	東皿池橋梁	東海道本線	西ノ宮	芦屋	1874	現用	左75度	1.60	1.65	半円	-	改装工事済
(27)	旧木和土合橋梁	東海道本線	住吉	六甲道	1874	1993撤去	左68度	1.52	1.62	半円	-	
28	第一三〇号橋梁	桜井線	金橋	高田	1893	現用	右60度	1.54	1.64	半円	ツライチ	
29	欅坂橋梁	日田彦山線	採銅所	香春	1915	現用	左70度	5.55	6.55	欠円	ツライチ	迫受石あり
30	旧折尾駅架道	西日本鉄道	折尾東口	折尾	1914	2000廃止	右75度	6.10	6.31	欠円	ツライチ	

※ No.欄の( )内は撤去済み

写真4.3　安井橋梁（西ノ宮〜芦屋）の内部

年に開業した京都〜大津間の鉄道にも1カ所が現存しており，この技法が大阪〜神戸間で初めに適用され，続いて建設された京都〜大阪間，京都〜大津間の鉄道へと継承されたことがうかがえる。

　明治10年代後半から30年代にかけては，全国を結ぶ幹線鉄道の骨格が形成された時期にあたり，それとともに"ねじりまんぽ"の技法も全国へと拡大した。1884（明治17）年に開業した東海道本線大垣〜長浜間に1カ所，1887（明治20）年に開業した岐阜〜大垣間に2カ所が現存するほか[6]，東海道本線最後の区間として1889（明治22）年に開業した長浜〜大津間のうち，野洲〜守山間に1カ所，石山〜膳所間に2カ所が現存している。また，この区間に建設された天井川のトンネルのうち2カ所（第1線側と第2線側を合わせて4本）にも"ねじりまんぽ"の技法が用いられており，このうち1897（明治30）年の複線化時に建設された南草津〜瀬田間の狼川トンネル（下り線）のみが廃坑として現存している。

　一方，1888（明治21）年に建設された琵琶湖疏水のインクラインの下に"ねじりまんぽ"が1カ所現存し，鉄道事業者以外が建設したものとしては唯一の存在となっている。この"ねじりまんぽ"には当時の京都府知事・北垣国道による「陽気発処」「雄観奇想」の扁額がかかるほか，側壁がアーチ状に仕上げられているなど，特別な意匠が凝らされている。

　私設鉄道の路線では，旧関西鉄道の路線に"ねじりまんぽ"が集中しており，1890（明治23）年に開業した関西本線加太〜柘植間と1897（明治30）年に開業した月ケ瀬口〜大河原間，1898（明治31）年に開業した加茂〜木津間に各1カ所が現存している。また，1893（明治26）年，旧大阪鉄道（のち関西鉄道を経て現・関西本線の一部）により建設された桜井線金橋〜高田間には1カ所のみ現存する。

　同じ年，信越本線横川〜軽井沢間に建設された2カ所の"ねじりまんぽ"は，

正径間8.45m（24フィート）に達する大規模なものであったが，1963（昭和38）年の改良工事に伴って撤去されて現存しない。また，信越本線直江津〜新潟間を建設した旧北越鉄道の路線のうち，1897（明治30）年に開業した荻川〜亀田間にも"ねじりまんぽ"が1カ所現存するが，これが今までのところ"ねじりまんぽ"の北限となっている。一方，関西圏では，1898（明治31）年に開業した旧高野鉄道（現・南海電気鉄道高野線）の狭山〜狭山遊園間と，1899（明治32）年に旧京都鉄道（現・山陰本線の一部）により開業した山陰本線千代川〜八木間にそれぞれ1カ所が現存している。

　その後，"ねじりまんぽ"の建設は空白期を迎えるが，再び登場するのは旧三国線（後に廃止されて現在のえちぜん鉄道三国芦原線として再利用）で，三国〜三国港間の"眼鏡橋"と称する跨線陸橋が1913（大正2）年に"ねじりまんぽ"により完成した。また，旧北勢鉄道（現・三岐鉄道北勢線）が1916（大正5）年に開業させた路線には，全国でも唯一のコンクリートブロック造のものが1カ所存在するほか，北九州では旧九州電気軌道（のち西日本鉄道北九州線を経て廃止）が1914（大正3）年に開業した折尾東口〜折尾間の高架橋に1カ所，旧小倉鉄道（現・日田彦山線の一部）が1915（大正4）年に開業した日田彦山線採銅所〜香春間に1カ所の"ねじりまんぽ"が現存する。この年代がこれまでに確認された最も新しいもので，現存する構造物から判断する限り，煉瓦の衰退が始まる大正初期には廃れてしまった技法と考えられる。

4.2.3 "ねじりまんぽ"の技法
(1) "ねじりまんぽ"に関する文献

　"ねじりまんぽ"の技法について解説した文献のうち，わが国で最も古いものは1880（明治13）年に発行された水野行敏『蘭均氏土木学』[7]であったと考えられる。この文献は，ランキン（Rankine, William John Macquorn）著 *Manual of Civil Engineering* を当時の高等教育向けに翻訳したもので，西洋の近代土木技術を総合的に扱った文献としてはわが国で最古の部類に属しており，"ねじりまんぽ"は，その第295章で"斜歪穹窿"として紹介されている。

　1899（明治32）年，伊藤鏗太郎は[8]，毛利重輔[9]の校閲によって『斜架拱』[10]を出版したが，これは"ねじりまんぽ"を単独で扱ったわが国唯一の解説書となった。その「緒言」では，「本書ハ『ジョージ，ワットソン，バック』氏ノ著ハセル『ヲブリイク，ブリッヂ』ヲ基トシ，『ニッコルソン』氏『ハアト』氏等ノ述ブルトコロノモノヲ参考トシテ訳述セシモノナレドモ……（以下略）」[11]とある通り，

外国文献を底本として翻案したもので，さらに「『バアロー』氏ノ著ハセル図表」を参考にしていることが示されている。また，「原書中往々他ノ註釈ヲ要セザレバ，直ニ其意ヲ解シガタキモノアリ。是等ニ就キ訳者自ラ註釈ヲ試ミ，共ニ本書中ニ記載スルモノ少シトセス。」「而シテ『バック』氏ノ書中『如何ナル定度迄斜メニ架拱スルヲ得ラルヽヤ』又『バアロー』氏ノ『図表ニ対スル論証』等ハ，孰レモ理論多ク実地ノ所用少ナキヲ以テ，之レヲ他日ニ譲リ此処ニ省略スルコトトナセリ。」[12]とあることから，著者の理解がおよぶ範囲で実用的な部分のみを抄訳していたことがわかる。

伊藤の著書と前後してShibata（柴田畦作）は，1901（明治34）年と1904（明治37）年，『工学会誌』[13]に"ねじりまんぽ"に関する設計理論を英文で発表し，Helicoidal Arches（螺旋アーチ），Modified Helicoidal Arches（変形螺旋アーチ），Logarithmic Arches（対数アーチ）に対する解を与えるとともに，迫石におけるHeading Surface（小口面），Coursing Surface（合端面），Soffit（拱腹面）の各曲面を求めるための方程式を論じた。さらに1907（明治40）年にはアーチ橋の専門書として松永工，飯田耕一郎の共著による『土木実用アーチ設計法』[14]が発行され，"ねじりまんぽ"に若干のページが割かれた。その後1922（大正11）年に発行された鶴見一之，草間偉の共著による『土木施工法』[15]や，1937（昭和12）年発行の櫻井盛男による『各種拱橋の実地設計法』[16]にも"ねじりまんぽ"に言及した記述が見られるなど，明治30年代から昭和初期にいたるまで，その技法が紹介された。

なお，これらの著者のうち，伊藤鏗太郎，毛利重輔，松永工，飯田耕一郎，草間偉，櫻井盛男は鉄道に奉職した経験を持っており，この技術が鉄道の建設と密接なつながりを持つ技法であったことを示唆している。

(2) "ねじりまんぽ"の原理

既存の文献から"ねじりまんぽ"の原理や技法について要約すると，おおむね下記のようにまとめることができる。

図4.2は，"ねじりまんぽ"で斜めアーチ橋を施工した場合と，通常の積み方で斜めアーチ橋を施工した場合との比較を模式的に示したもので，前者ではアーチの軸力（接線方向応力）が両側の橋台（側壁）部分に伝達されるが，後者では坑口付近で軸力が片側の橋台にしか伝達されず，強度上極めて脆弱な構造となってしまうことが理解できる。そこで，アーチ全体の軸力を橋台へ有効に伝達させる方法のひとつとして，アーチ橋の交差角に合わせて煉瓦を斜めに積む方法が工夫されるにいたったものと考えられる。したがって，"ねじりまんぽ"は，斜めア

第 4 章　特殊な煉瓦構造

(a)　"ねじりまんぽ"

アーチの迫持効果が
発揮されない部分

アーチの迫持効果が
発揮されない部分

(b)　一般構造のアーチ橋

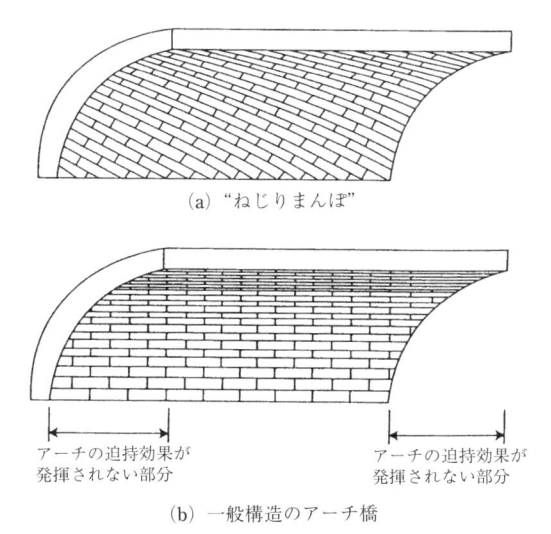

図4.2　通常のアーチと"ねじりまんぽ"

ーチを架けるために考案された特殊な技法と捉えることができ，このことは斜めアーチにしか"ねじりまんぽ"の技法が存在しないという現地調査の結果にも符合している。

(3)　"ねじりまんぽ"の設計法

　文献によれば，"ねじりまんぽ"の設計法には，Helicoidal Method（螺旋法），Logarithmic Method（対数法），Corne de VacheまたはCow's Horn Method（牛角法）の3種類があったとされる[17]。

　このうちHelicoidal Methodは，"ねじりまんぽ"を解説したほとんどの文献で取り上げられており，おそらく最も一般的に用いられた手法であったものと推察される。これは，図4.3のようにアーチの展開を平行四辺形に近似させ，その軸線と垂直に交わる接合線を順次仮定する最も単純な技法である。

　また，その計算を現場において行うことは，当時の技術者の数学的知識や計算技術から考えて相当困難な作業であったと考えられ，このため『斜架拱』では付録として「バアロー」氏のノモグラムに基づく解法を例題付きで解説している[18]。今回調査した"ねじりまんぽ"はいずれもスプリングラインの部分で起拱角を持っていることから，実際の設計・施工はすべてHelicoidal Methodにより行われたものと判断される（ほかの2種類の方法はスプリングラインの部分で起拱角を持たない）。

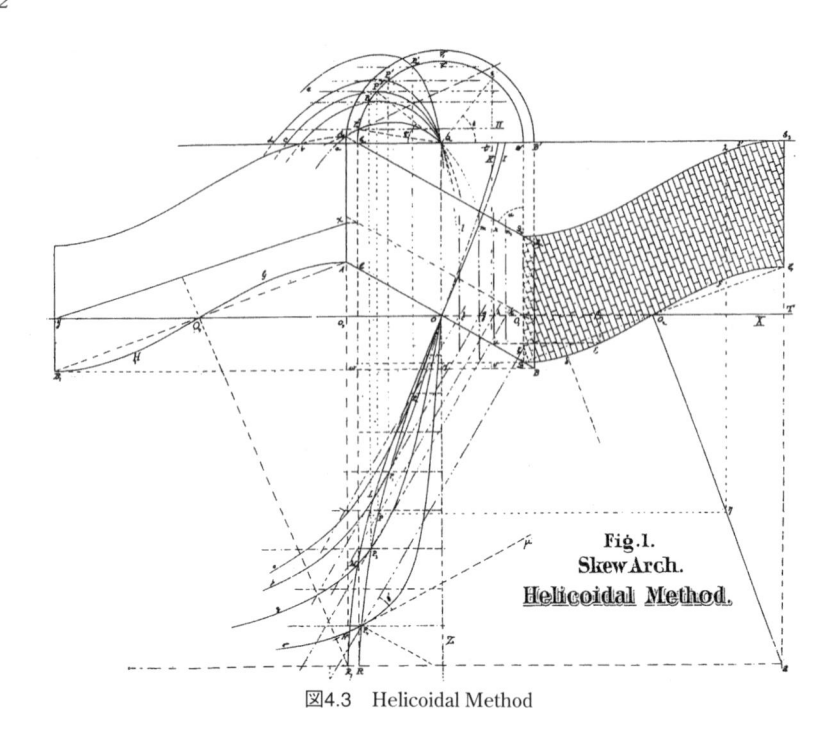

図4.3 Helicoidal Method

(4) "ねじりまんぽ"の施工

わが国で"ねじりまんぽ"の施工が具体的にどのような手順や方法で行われたのかを示す工事記録や示方書類は，これまでのところ未見である。文献では通常のアーチ橋と同様にセントルを組み立て，その周囲に煉瓦を積むこととしており，また切石を積む場合は個々の接合面の形状を整えなければならないため，特殊な定規を工夫して石材を整形するように解説している。

(5) "ねじりまんぽ"の構造

これまで調査した"ねじりまんぽ"のディテールを観察すると，特有の興味深い構造をいくつか観察することが可能である。以下，ディテールごとにその特徴を整理すると下記のようである。

①断面

"ねじりまんぽ"の大半は半円断面を用いていたが，信越本線・旧碓氷第一二橋梁，旧碓氷第一五橋梁，三岐鉄道・六把野井水拱橋，旧西日本鉄道北九州線・旧折尾高架橋，日田彦山線・欅坂橋梁の5カ所で欠円断面が採用された。

②径間

"ねじりまんぽ"の最大径間は，旧碓氷第一二橋梁，旧碓氷第一五橋梁の正

第 4 章　特殊な煉瓦構造　　123

写真4.4　旧狼川トンネル(南草津～瀬田)の内部 　　写真4.5　第二七二号橋梁(加茂～木津)の内部

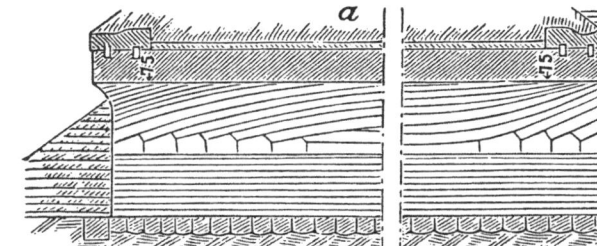

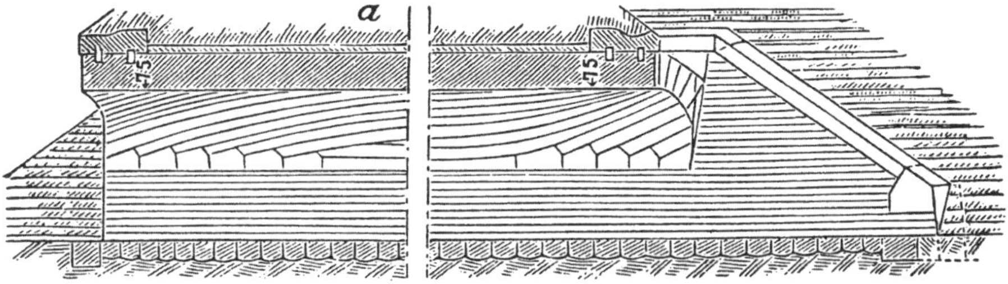

図4.4　坑口のみをねじった"ねじりまんぽ"

径間8.45mが最大であったが，現存する構造物としては，旧折尾高架橋の6.10m，六把野井水拱橋の5.90m，欅坂橋梁の5.55m，信越本線・車場川橋梁，東海道本線・旧狼川トンネル（下り線），えちぜん鉄道三国芦原線・眼鏡橋の4.57mと続く（いずれも正径間）。逆に小径間の"ねじりまんぽ"としては，東海道本線・円妙寺架道橋における正径間1.22mが最も小さく，次いで馬場丁川橋梁，安井橋梁，旧木杣上谷橋梁，桜井線・第一三〇号橋梁の1.50～1.54mなどがある。

③アーチの構造

　"ねじりまんぽ"は，基本的にアーチ部分の全体にわたって煉瓦をねじって積むが，なかには写真4.4に示す東海道本線・旧狼川トンネルや，写真4.5に示す関西本線・第二七二号橋梁のように，坑口付近の煉瓦のみをねじって積んだものも見られる。こうした技法は，鶴見一之，草間偉『土木施工法』でも図4.4のように紹介されているが[19]，アーチの中間部では煉瓦をねじって積む必要性がないため力学的には問題ないものの，施工上は逆に面倒であったと考えられる。

④アーチの端面

写真4.6　旧狼川トンネル（南草津～瀬田）のアーチ端面

写真4.7　旧折尾高架橋（折尾東口～折尾）のアーチ端面

"ねじりまんぽ"のアーチ末端部を観察すると，写真4.6に示すように煉瓦の端面を整形せずに鋸歯状のまま仕上げたタイプと，写真4.7のように煉瓦を整形して端面を"ツライチ"にそろえて仕上げたタイプが見られる。実際の構造物では"ツライチ"に仕上げるケースが多いが，これに対して鋸歯状に仕上げられているのは，滋賀県以東の"ねじりまんぽ"に多く見られるのが特徴である。渡邊信四郎は，旧碓氷第一二橋梁，旧碓氷第一五橋梁の建設にあたって「拱台ニ斜ノ切石ヲ据エ煉瓦ノ側面ニ顕ハル、ハ鋸歯ノ如キ儘之ヲ削ラザルハ寒気ニ当リテ凍砕セザランコトヲ思ヘバナリ。」[20]と鋸歯で仕上げた理由を説明したが，この指摘は東日本の"ねじりまんぽ"に鋸歯仕上げが多く見られることと関係があるのかもしれない。

⑤アーチとスプリングラインとの接続

アーチとスプリングラインの接続部分では，ねじって積んだアーチの煉瓦と水平に積んだ側壁の煉瓦（または石積み）をそろえるために，どちらかの部材を斜めに施工する必要がある。この場合，一般にはアーチの煉瓦をスプリングラインに合わせて水平に加工して接続するが，信越本線・車場川橋梁，旧碓氷第一二橋梁，旧碓氷第一五橋梁，写真4.8に示す東海道本線・門ノ前橋梁のように，迫受石を起拱角に合わせて鋸歯状に加工して用いた例がある。また写真4.7のように，迫受石を端部のみに用いた例もある。

4.2.4　"ねじりまんぽ"と斜めアーチ橋の施工条件

"ねじりまんぽ"の技法が，アーチ橋を斜めに架けるための技法であることは先に述べた通りであるが，斜めアーチがすべて"ねじりまんぽ"でできていると

写真4.8　門ノ前橋梁（摂津富田〜茨木）の迫受石

写真4.9　梨ケ原橋梁（上郡〜三石）

は限らない。以下，"ねじりまんぼ"以外の技法による斜めアーチとその特徴について考察を加えてみたい。

(1) 斜めのスパンドレル

　写真4.9に示す山陽本線・梨ケ原橋梁は，線路に対して左75度の角度で斜交する斜めアーチ橋であるが，その内部は"ねじりまんぼ"ではなく，一般のアーチ橋と同様に水平に積まれている。唯一異なる点はスパンドレルがアーチ橋の中心軸に対して直角に位置している点で，このため上部が法面勾配に合わせて斜めに切り欠かれた形態となっている。

　このような構造は，今回調査した斜めアーチ橋のうち，"ねじりまんぼ"以外の斜めアーチ橋にほぼ共通して観察することができる特徴で，その相違点は，①"ねじりまんぼ"によるアーチ橋はスパンドレルの上面が水平であるが，一般構造の斜めアーチ橋は盛土の法面勾配に合わせてスパンドレルの上部が斜めに切り欠かれていること，②"ねじりまんぼ"によるアーチ橋は，スパンドレルと線路

線路方向
平面

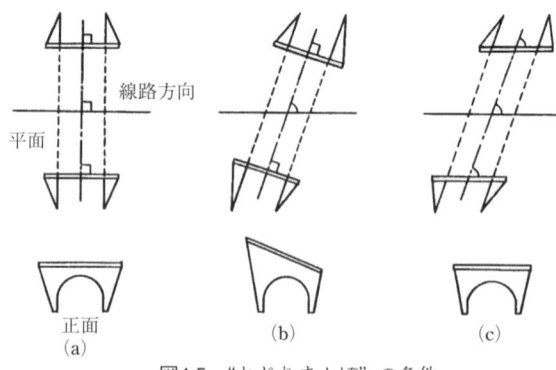

正面
(a) (b) (c)

図4.5 "ねじりまんぽ"の条件

写真4.10 第二六号溝橋（松山市～石手川公園）のパラペット

方向が平行に位置しているが，一般構造の斜めアーチ橋はスパンドレルと線路の方向が一致せず，アーチ橋の中心軸とスパンドレルとが直角の位置関係にあること，の2点である。

　図4.5はこれらの特徴を，(a) 一般のアーチ橋，(b) 一般のアーチ橋と同じ構造でできた斜めアーチ橋，(c) "ねじりまんぽ"によるアーチ橋の3種類に分類して模式的に示したもので，"ねじりまんぽ"の条件として「線路に斜交し，かつスパンドレルが線路方向と平行に位置するアーチ橋」という前提条件を満たしていなければならないことを示している。

(2) パラペットをシフトさせた斜めアーチ

　写真4.10に示す伊予鉄道横河原線・第二六号溝橋は，スパンドレル上部のパラペット部分の煉瓦を少しずつ角度を振りながらシフトさせることによって，一般のアーチ構造でありながらスパンドレルの上部を水平に仕上げている。現在までのところ，同様の方法を用いた斜めアーチは知られておらず，また工学書などに

第4章　特殊な煉瓦構造　　*127*

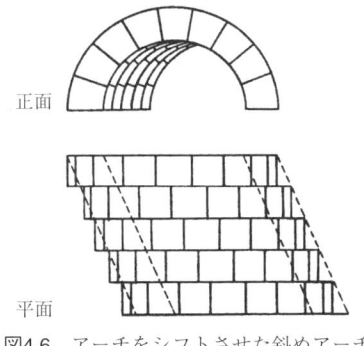

図4.6　アーチをシフトさせた斜めアーチ

写真4.11　旧九度山発電所水路橋（和歌山県九度山町）の内部

写真4.12　悪水路拱渠（木津用水〜犬山口）のアーチ端面

も登場しないことから，極めて独創的な技法であると考えられる。
(3) **アーチをシフトさせた斜めアーチ**
　この手法は，『蘭均氏土木学』[21]でも第296章で「有肋斜歪穹窿」（原著では"Ribbed Skew Arch"）として紹介されているもので，図4.6のようにアーチ全体を輪切り状にシフトさせながら構築する方法である。しかし，施工時における支保工の組立てを含め，"ねじりまんぽ"に比べて面倒な手法であったと考えられる。この方法を用いた構造物は極めて数少なく，鉄道施設ではないが和泉水力電気（のち南海鉄道→関西電力）によって建設された**写真4.11**に示す旧九度山発電所水路橋があるに過ぎない。また，中国の石造橋を紹介した陸徳慶『中国石橋』[22]にもこのリブ式斜めアーチ橋の例が掲載されている。
(4) **一般的積み方による斜めアーチ**
　"ねじりまんぽ"で設計されるべき条件を持つ斜めアーチ橋でありながら一般のアーチ橋と同様に煉瓦を水平に積んだ構造物も若干数存在しており，大阪環状

線・桜ノ宮高架橋や南海電気鉄道高野線・大師第一六号橋梁などの例がある。また，名古屋鉄道犬山線・悪水路拱渠の端面は，**写真4.12**に示すように内巻の煉瓦のみが斜めで，その外側は小口面で仕上げられていることから，内部は"ねじりまんぽ"の構造でできている可能性もある。こうした方法は，先述のように理論的には迫持効果がアーチ全体に伝達されないために脆弱な構造となるが，実際には目地によって構造が一体化しているためか，いずれの構造物もとくに変状を生じることなく現存している。

4.2.5 "ねじりまんぽ"の起源
(1) わが国における"ねじりまんぽ"の起源
　こうした"ねじりまんぽ"の技法が，いつ，誰によってわが国にもたらされたのかは記録が全くなく，今のところ推測の域を出ない。これまでの調査結果によれば，1874（明治7）年に開業した大阪〜神戸間鉄道の構造物にすでにこの技法が認められることから，ここで指導にあたった雇外国人によってもたらされたことはほぼ間違いないと考えられる。この時点で，工技生養成所や帝国大学，工部大学校による高等土木教育はまだ本格的に開始されておらず，またランキンの訳書が出版されるのは1880（明治13）年になってからなので，当時の日本人技術者がこの技法を学ぶことができたのは，雇外国人技師からの直接指導による以外はなかったと判断される。

　その後，京都〜大阪間の鉄道建設が完了した1877（明治10）年，大阪駅構内に工技生養成所が設立され，雇外国人技師を講師とする高等土木教育が鉄道組織のなかで行われるようになった。工技生養成所の卒業生は，ただちに京都〜大津間，長浜〜敦賀間，長浜〜大垣間などの各建設現場に配属され，雇外国人に代わって現場の幹部技術者として活躍を開始したが，これらの沿線にいくつかの"ねじりまんぽ"が存在するという事実は，工技生養成所の出身者やその配下の職人たちがこの技法をすでに自家薬籠中のものとしていたことを示している。また，その周辺の私設鉄道の建設にあたっても，そこからさらに派生した技術者や職人が，この技法を伝えたものと推察される。

　一方，信越本線横川〜軽井沢間の"ねじりまんぽ"は，関西系の"ねじりまんぽ"と異なり，この建設を指揮したイギリス人技師・パウナルやアメリカへの留学経験がある本間英一郎の影響が考えられる。本間はのちに北越鉄道技師長に栄進しているので，碓氷の橋梁群で"ねじりまんぽ"を実践し，さらに北越鉄道へこれを伝えたのかもしれない。

その後の約10年間にわたるブランクは，鉄桁の普及によって，組積造によるアーチ橋の建設需要が減少したためと推定されるが，それが大正期になって突如として福井県と三重県，福岡県に出現した理由は明らかでない。福岡県下の2橋は地域や年代から判断して，何らかの関連性があるようにも思えるが，いずれにしても鉄桁を用いずわざわざ組積造で大径間の斜めアーチ橋を構築した背景には，何らかの意図があったと考えられる。

(2) 海外における"ねじりまんぽ"とその起源

わが国に"ねじりまんぽ"の技術をもたらしたと考えられるイギリス人技術者の故国には，数多くの"ねじりまんぽ"による鉄道構造物を見出すことができるほか，対岸のフランス国内でもいくつか存在が確認されている。

こうしたヨーロッパの"ねじりまんぽ"のうち比較的初期の構造物と考えられるのが写真4.13に示すリヴァプール＆マンチェスター鉄道のレインヒル駅西端に架けられたレインヒル跨線陸橋で，そのパラペットの中央には建設年を示す，"Erected JUNE 1829"と書かれた扁額がはめられていることから，イギリスでは鉄道建設のごく初期段階ですでにこの技術が確立していたことが理解できる。ロルト（Rolt, L.T.C.）によれば，この技術はスティーブンソン（Stephenson, George）以前の運河のエンジニアによって開発されたものであるとしており[23]，より古くから存在する技法であることを明らかにしている。また，ルネッサンス時代のイタリアの橋にその起源を求める説もあり[24]，教会建築などのヴォールトやライズの低いアーチ橋などの高度な建設技術を背景として，斜めアーチに対する"ねじりまんぽ"の技法が自然に編み出されたとしても不思議ではない。

"ねじりまんぽ"の起源に関する手がかりは今のところ乏しいが，いずれにしてもこの技法がヨーロッパに起源を持つこと，鉄道工事が始まる19世紀以前にそ

写真4.13　レインヒルの"ねじりまんぽ"

の技法が確立されていたことだけは間違いないと考えられる。

4.3 "下駄っ歯"の技法

4.3.1 "下駄っ歯"に関する従来の説

　鉄道用の煉瓦・石積み構造物に見られるもうひとつの特殊な組積造として，"下駄っ歯"[25]構造がある。この構造を持つ代表的な煉瓦構造物としては，北九州市八幡東区茶屋町に現存する旧茶屋町橋梁（北九州市指定文化財）が有名で，アーチ橋の右側（以下，各線区の起点方を背にして線路の左右を定義する）の煉瓦のみを写真4.14に示すような"下駄っ歯"状に仕上げているのが特徴である。

　旧茶屋町橋梁に見られる"下駄っ歯"の存在理由については，これまで装飾のためとする説が一般的であり[26]，北九州市教育委員会によって建てられた現地の説明板も「アーチは煉瓦の小口を五段積みにした弧型アーチで，アーチの乗る迫台は花崗岩の石積み。北側は1段ごとに煉瓦を迫出して意匠としている。」と解説し，この模様を意匠の一種として扱っている。これに対して，この構造が施工上の要請によるものではないかとの異論が唱えられるようになり，例えば田島二郎は，「表面に煉瓦が突出，その模様の装飾性が話題となっているが，線増の際の構造一体化のためのキーの作用をねらったものと考えられる。」[27]と述べたほか，伊東孝は，「信州大学の小西純一助教授は，路線を拡幅するときのホゾとみなす説のあることを教えてくれた。煉瓦の結合性がいいように凹凸なのである。一種のステージ施工といえる。」[28]と紹介した。しかし，いずれの場合も具体的なデータに裏付けられたものではなく，"装飾説""構造一体化説"とも確たる論拠を欠いたまま今日にいたっていた。そこで，"下駄っ歯"の存在理由を明確にするた

写真4.14　旧茶屋町橋梁（北九州市八幡東区）の"下駄っ歯"

め，旧茶屋町橋梁をはじめとして，北九州地方に分布する同様の構造を持つ橋梁の現地踏査を行い，個々の構造的特徴を分析することによってその存在理由を考察することとした[29]。

4.3.2 "下駄っ歯"による構造物の分布とその沿革
(1) 旧九州鉄道門司～遠賀川間

　九州鉄道は，九州地方で最初の鉄道として1888（明治21）年に設立された私設鉄道で，明治30年代までに福岡県，佐賀県，長崎県，熊本県にまたがる北部九州一帯に一大幹線網を築いた。その後，沿線の中小私設鉄道を吸収して勢力を拡大したが，1907（明治40）年の鉄道国有化によって，現在の鹿児島本線と日豊本線の一部，長崎本線，佐世保線，大村線，筑豊本線およびその支線群となり，JR九州などへと承継されている。このうち，鹿児島本線門司～遠賀川間は，九州鉄道の第1工区として1891（明治24）年4月に開業した区間で，西小倉（旧小倉）～黒崎間は現在の路線と異なり，大門から金田を経て真鶴，茶屋町，大蔵，尾倉，桃園へといたる山側のルートを単線で通っていた（国防上の理由から海岸沿いのルートを嫌った軍部の意向によるものとされる）。しかし，急勾配の路線であることや，海側の戸畑地区の発展などにより，1902（明治35）年に海岸沿いに新たなルートが敷設され，さらに1908（明治41）年の複線化と同時に山側のルートは大蔵支線と改称して本線から外されてしまった。そして1911（明治44）年9月30日で廃止となったが，その廃線跡には先に紹介した旧茶屋町橋梁を含めて2カ所のアーチ橋が現存し，そのどちらにも"下駄っ歯"構造を観察することが可能である。また，大蔵支線以外では，鹿児島本線・頃末通り橋梁も"下駄っ歯"のアーチ橋である。

　旧茶屋町橋梁は1890（明治23）年11月に竣工した径間30フィート（9.14m）におよぶ煉瓦構造の欠円アーチ橋で，"下駄っ歯"は線路右側のみに見られ（写真4.15），左側やアーチ内面には存在しない。煉瓦の積み方は側面と橋台部分がイギリス積み，アーチが長手積みと一般のアーチ橋と同じ構成で，アーチのスプリングラインには迫受石があり，"下駄っ歯"のない橋台の左側のみに隅石が備わっている（写真4.16）。アーチの部分の"下駄っ歯"は，5枚巻の小口面を交互に突出させており，側面部分はイギリス積みの小口層のみを1/4ほど突出させて"下駄っ歯"を構成している。一方，もうひとつの旧尾倉橋梁も旧茶屋町橋梁と同時に竣工したもので，やはり欠円アーチ断面であるが径間は20フィート（6.10m）とひとまわり小さい。"下駄っ歯"構造が右側のみにしか見られない点や，

写真4.15　旧茶屋町橋梁の右側

写真4.16　旧茶屋町橋梁の左側

写真4.17　頃末通り橋梁（折尾～水巻）の"下駄っ歯"

　煉瓦の積み方，迫受石の存在，煉瓦の突出状況などは旧茶屋町橋梁とほぼ同じであるが，橋台の隅石が両側ともない点が異なる。また，**写真4.17**に示す鹿児島本線・頃末通り橋梁は，1891（明治24）年2月に竣工したもので，この区間は1913（大正2）年12月に複線化されたが，左側に第2線を設けたため右側にある"下駄っ歯"構造を残したまま今日にいたっている。

(2) 旧豊州鉄道田川線

　豊州鉄道（初代）は，小倉地区と田川，大分方面を結ぶ鉄道として1889（明治22）年に設立された私設鉄道で，このうち行橋から分岐して今川沿いにさかのぼり田川後藤寺へといたる路線は，田川地区の石炭輸送を目的として1895（明治28）年8月15日に開業した。その後，1901（明治34）年には九州鉄道に吸収合併され，1907（明治40）年に国有化，さらにJR九州を経て1989（平成元）年に第三セクターの平成筑豊鉄道へ経営が移管されて現在にいたっている[30]。

　図4.7は，組積造による田川線の橋梁の全数について，"下駄っ歯"の方向を示

第4章 特殊な煉瓦構造   133

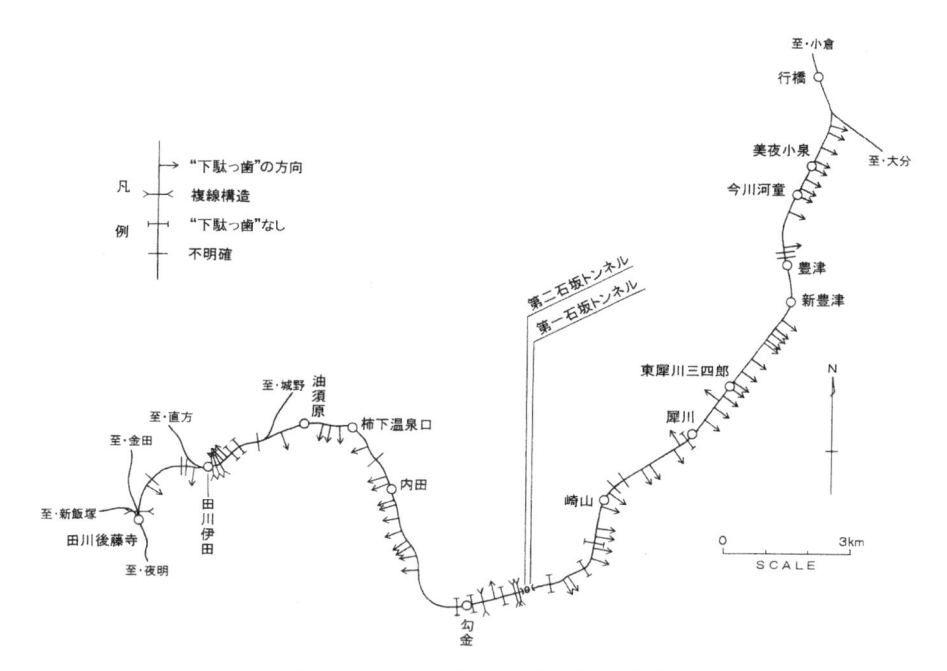

図4.7 田川線における"下駄っ歯"の方向

したもので，アーチ橋のみならず橋梁下部構造（橋台・橋脚）にも"下駄っ歯"が見られるほか，石積みの構造物にも"下駄っ歯"が存在する。以下，その特徴について整理する。

①アーチ橋（煉瓦積み）

　田川線に現存する27カ所のアーチ橋のうち，煉瓦積みのみのアーチ橋は約9割を占めている。煉瓦の積み方は，旧九州鉄道大蔵支線のアーチ橋と同じであるが，欠円アーチはなく，すべて単心円で設計されている。"下駄っ歯"は線路の方向に対して左側のみに見られ，アーチ端部の小口を交互に，またスパンドレルの小口層のみを長手の1/4～1/2ほど迫り出して"下駄っ歯"としている。写真4.18はこのうち，奥ケ谷池架道橋の"下駄っ歯"を示したもので，上部のパラペットに相当する部分には"下駄っ歯"構造が見られず，写真4.19のように普通のイギリス積みで"ツライチ"で仕上げられている。"下駄っ歯"はパラペットより下の部分に施されており，長手の1/4を突出させている。また，写真4.20はその反対側を示したもので，パラペット部分の煉瓦積みは装飾的技法のひとつである矢筈積みで仕上げられている。

②アーチ橋（煉瓦＋石積み）

写真4.18 奥ケ谷池架道橋（崎山〜油須原）の"下駄っ歯"

写真4.19 奥ケ谷池架道橋の"下駄っ歯"側

写真4.20 奥ケ谷池架道橋の反対側

　田川線に存在するアーチ橋のうち，油須原〜内田間に位置する第一大内田道橋梁，第二内田道橋梁，内田川橋梁の3カ所のアーチ橋は，"下駄っ歯"側は煉瓦であるが，その反対側は石積み（布積み）で仕上げられている。

③橋梁下部構造（煉瓦積み）

　田川線の橋梁下部構造のうち，勾金以東の大半が煉瓦構造でできているが，その片側にはアーチ橋と同様に"下駄っ歯"が見られる。煉瓦の積み方はすべてイギリス積みで，基本的に長手の段の1/4を突出させ"下駄っ歯"を構成している。

　写真4.21は，矢留川橋梁の橋台を示したもので，"下駄っ歯"の構造は，アーチ橋の技法と全く同じである。これらの橋梁下部構造における"下駄っ歯"は，径間3フィート（0.91m）から100フィート（30.48m）にいたる大小の橋梁に普遍的に見ることができる。なお，写真4.22に示す伊田架道橋は，写真4.14に示した旧茶屋町橋梁と同様に隅石が存在するが，"下駄っ歯"側にも隅石が存在している。

④橋梁下部構造（石積み）

　石積みによる橋梁下部構造は，油須原以西に偏って見られるが，石積みを併

写真4.21　矢留川橋梁（今川河童〜豊津）の"下駄っ歯"

写真4.22　伊田架道橋（田川伊田〜田川後藤寺）の"下駄っ歯"

写真4.23　勘久川橋梁（内田〜柿下温泉口）の"下駄っ歯"

用したアーチ橋もこの区間に集中していることから，これらの地域では煉瓦よりも石材の方が入手しやすかったためこれを優先的に用いたと考えられる（5.3参照）。写真4.23はこのうち勘久川橋梁を示したもので，煉瓦構造の場合と同様，線路方向に対して片側の面のみを突出させて"下駄っ歯"としている。また，突出方法も煉瓦と同様で，小口に相当する面を長手の寸法の1/4ほど突出させている。

4.3.3　"下駄っ歯"構造の考察
(1)　"下駄っ歯"構造の特徴
　北九州地方に見られる"下駄っ歯"構造について，その共通点や特徴を再整理すると，下記のように要約することができる。

①線路方向に対して片側のみに見られ，両側には存在しない。

②旧九州鉄道門司〜遠賀川間の場合は右側，平成筑豊鉄道田川線の場合は80カ所の橋梁のうち50カ所が左側に，5カ所が右側に存在する。

③平成筑豊鉄道田川線崎山〜油須原間の一部に見られる複線規格の構造物には見られない。

④対象となる構造物（アーチ橋，橋台，橋脚），使用材料（煉瓦，石材），規模の大小を問わず，全線区にわたって普遍的に見られる。

⑤基本的に小口面を迫り出すことによって形成されており，アーチ端部では1枚ごと，側面の面壁および橋台では長手の段を挟んで小口の段を1段ごとに迫り出して"下駄っ歯"としている。

⑥側面が石積みでできているアーチ橋は，片側のみが石積みで"下駄っ歯"がなく，その反対側は煉瓦積みで"下駄っ歯"構造となっている。

このような特徴は，"下駄っ歯"構造が単なる思いつきや偶然の産物ではなく，明確な設計思想に基づいて施工された技法であることを示しており，とくに"下駄っ歯"構造が片側のみに限られることや，ある程度の方向性を持つことは，"構造一体化"のための技法であることを示唆している。ここでは"構造一体化"のためという仮説を前提とし，以下の検討を進めることとしたい。

(2) "下駄っ歯"の方向と鉄道用地

"下駄っ歯"の存在が"構造一体化"のためであると仮定するならば，"下駄っ歯"の方向に対して線路を増設しようとする意志があったかどうかを検証する必要がある。旧九州鉄道門司～遠賀川間，平成筑豊鉄道田川線とも，将来の線路増設の意志を明確に示した文書は未見であるが，後者については現地の状況がその存在を示唆している。

まず，平成筑豊鉄道田川線における用地杭の位置を調べると，ほとんどの区間で図4.8に示すように，片側（左側）の用地杭が盛土の法尻からかなり離れた位置に建植されていることがわかる。これに対して反対側（右側）の用地杭は法尻にあり，将来の線路増設に備えてその用地をあらかじめ確保していたことを物語っている。このことから，豊州鉄道がかつて線路を複線化する意図を持っていた

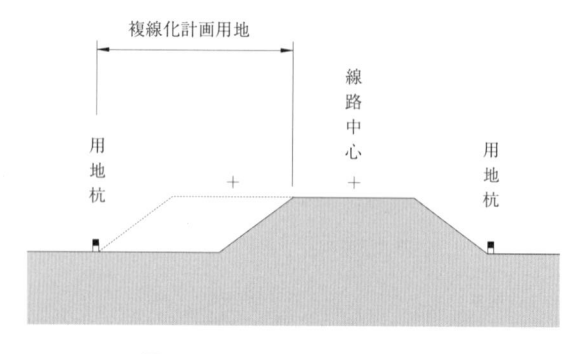

図4.8 用地と"下駄っ歯"の関係

写真4.24　喜多良川橋梁（犀川〜崎山）の反向曲線

ことは明らかで，その方向と"下駄っ歯"の方向がほぼ一致していることから，この構造が線増のための"構造一体化"をねらったものであることを裏付けている。

(3) 異なる方向の"下駄っ歯"

　平成筑豊鉄道田川線の"下駄っ歯"は大部分が左側であるが，ごく一部の"下駄っ歯"は右側に存在する。このうち崎山〜油須原間の畑谷川橋梁は，複線分の用地自体が右側にあるが，これに対して東犀川三四郎〜犀川間の高屋川橋梁と犀川〜崎山間の喜多良川橋梁，勾金〜田川伊田間の彦山川橋梁は，開業当初よりトラス橋が架設されており，その両岸には写真4.24に示すような反向曲線（Sカーブ）が存在するという共通点がある。そこで，これらの橋梁がまたいでいる河川の上下流と，"下駄っ歯"の方向に着目すると，"下駄っ歯"は必ず河川の下流方（すなわち右側）に位置し，上流方は水切りで処理されていることがわかる。図4.9はこうした状況を模式的に示したもので，これらの事実から"下駄っ歯"構

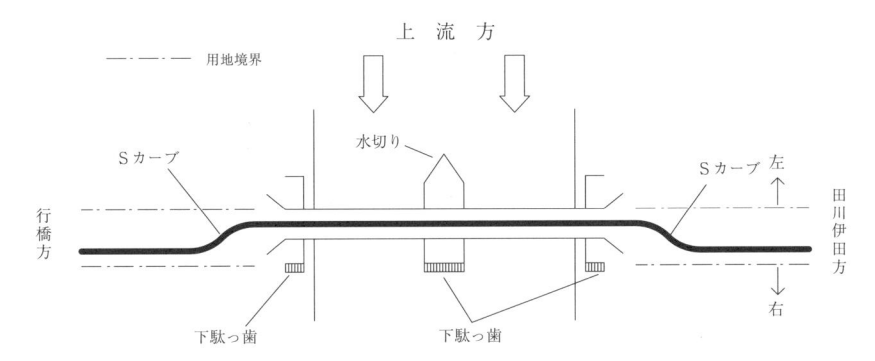

図4.9　橋梁と"下駄っ歯"の関係

造を上流方へ設けることを避け，敢えて線路を左側に振ることによって"下駄っ歯"を右側に設け，上流方（左側）を水切りで仕上げることにしたものと考えられる。したがって，橋梁の前後に存在する反向曲線は，河川の上下流と線増側の用地の方向（すなわち"下駄っ歯"側）を勘案し，上流方に水切りを設けるようにするための苦肉の策として設けられたものと判断される。

(4) 複線分の構造物と"下駄っ歯"

　平成筑豊鉄道田川線は，開業当時からすべて単線であったが，今回の調査の結果，崎山～油須原間のいくつかの橋脚，橋台が複線構造で建設されていることが確認された。また，この区間にある2本のトンネル（第一石坂トンネル，第二石坂トンネル）は，いずれも複線断面で，これらの事実から将来に備えて複線分の構造物をあらかじめ建設しておいたものと判断される。写真4.25は第二石坂トンネルとその出口方にある第三今川橋梁を示したもので，第二石坂トンネルの線増側と第三今川橋梁における線増側橋脚の床石はともに右側であり（写真では左側），この方向に線路を増設しようとした意図を読み取ることができる。トンネルを複線断面としたのは，営業開始後の改築が困難であると判断されたためと考えられ，さらにその前後の構造物も複線規格によって施工しておいたものと解釈することができる。また，これらの複線規格の構造物に"下駄っ歯"が見られないことは，線路増設に際して新たな構造を継ぎ足す必要性がなかったためと考えられる。

(5) 構造物の種類と"下駄っ歯"

　"下駄っ歯"が構造物の種類（アーチ橋，橋台，橋脚），使用材料（煉瓦，石材），規模の大小を問わず見られるという事実は，"下駄っ歯"がこれらの要素に支配されない構造であることを示している。この普遍性こそ"下駄っ歯"が実用的意

写真4.25　第二石坂トンネルとその出口方にある第三今川橋梁（崎山～源じいの森）

図に基づいて設置された構造であり，これらの線区の建設にあたって構造物や材料の種類にかかわらず設けておく必然性があったことを示している。なぜならば，もし"下駄っ歯"が装飾的意図に基づく構造であれば，ほとんどの構造物に対してこのような面倒な施工を行う必要性は乏しく，道路側などの人目につきやすい場所に位置する構造物や，線区のシンボルとしてふさわしい大規模な構造物にとどめるのみで十分であったと考えられるからである。

(6) 石積みと"下駄っ歯"

4.3.2 (2) ②でも述べたように，平成筑豊鉄道田川線のうち，油須原～内田間の第一大内田道橋梁ほか2橋梁は石積みと煉瓦積みの組合せによりできており，このうち石積みは片側のみで，反対側が"下駄っ歯"の煉瓦で仕上げられている。このことは，アーチ橋の側面では石積みの"下駄っ歯"を構築することが困難なため，仮設である線増側は煉瓦で"下駄っ歯"を構成し，本設側は永久構造として石積みを用いることにしたためと考えられる。

旧茶屋町橋梁の橋台部における隅石が片側のみであったのも同様の理由によるものと考えられ，永久構造である本設側は隅石を配置したのに対し，仮設側はとりあえず煉瓦により"下駄っ歯"とし，将来線路を増設した際にその継目が目立たなくなるように仕上げる予定であったものと推察される。また，4.3.2 (2) ①で述べた平成筑豊鉄道田川線・奥ケ谷池橋梁における右スパンドレルのパラペットに矢筈積みが見られた点も，右側が本設側であるためこのような装飾的技法を用いて仕上げ，その反対の"下駄っ歯"側は仮設構造であるため，装飾的な積み方を用いなかったと解釈することができる。

こうしたいくつかの事実は，線路増設が完了した時点ではじめて個々の構造物が完成した姿となるよう配慮していたことを物語るものであり，当時の技術者が"下駄っ歯"を設ける時点において，完成後の姿を念頭に置いていたことを示している。

4.3.4 複線化された"下駄っ歯"構造とその解釈
(1) 複線化された"下駄っ歯"構造

これまでの検討でも明らかなように，"下駄っ歯"は将来複線化を行った際に，新たに増設した部分と既存の部分とが芋継ぎにならないようあらかじめ設けられた構造であると解釈するのが妥当であり，今回の調査によって"構造一体化"説を裏付けることができた。

北九州地区には，将来の輸送量の増加に備えて，トンネルなど供用開始後の改

築が困難な構造物をあらかじめ複線規格で建設した線区がいくつか存在しており，本章で述べた旧豊州鉄道をはじめ，旧唐津鉄道（現・唐津線の一部），旧小倉鉄道が知られている[31]。これらの線区は，開業当初より単線鉄道であったにもかかわらず，トンネルは一部を除いてすべて複線断面で建設されており，旧豊州鉄道と同様に将来の線路増設の意図があったことを今日に伝えている。しかし，アーチ橋や橋梁下部構造にいたるまで線路増設の意図を含ませたのは旧九州鉄道大蔵支線と旧豊州鉄道田川線のみであったようで，今のところほかの線区で"下駄っ歯"構造を発見するにはいたっていない。

　しかし，全国的に見れば，現在複線として使用されている線区の一部には，かつてそれが"下駄っ歯"で仕上げられていたと推定される構造物が存在している。とくに，1872（明治5）年～1889（明治22）年にかけて第1線が建設され，引き続き1888（明治21）年～1907（明治40）年にかけて第2線が建設された東海道本線は，当初より複線規格で建設された京都～神戸間を除き，いくつかの区間で"下駄っ歯"の痕跡を確認することができる。

　写真4.26は東海道本線・滝脇川橋梁（第1線：1889（明治22）年開業，第2線：1905（明治38）年開業）を示したもので[32]，アーチの煉瓦の中間部分に切石が交互に組み合わされており，この部分が単線時代に"下駄っ歯"であったことを示している。このことは，単線時代の"下駄っ歯"側のスパンドレルも石積みで仕上げられていたことを示すものと考えられ，先の平成筑豊鉄道田川線のように"下駄っ歯"側を煉瓦積みで仕上げるといったような配慮は行っていなかったようである。

　また，写真4.27は筑豊本線・新入架道橋の橋台を示したもので，橋台の中央にある不連続面から，単線当時はこの部分が"下駄っ歯"で仕上げられていたこと

写真4.26　滝脇川橋梁（菊川～掛川）の継目　　写真4.27　新入架道橋（筑前植木～新入）橋台の継目

(2) "下駄っ歯"の痕跡による第1線と第2線の識別

　いわゆる"腹付盛土"[33]によって複線化が行われた区間において，第1線と第2線を識別することは，土木史的関心のみならず，盛土をはじめ構造物の保守管理を行ううえでも重要な課題である。しかし，東海道本線のように鉄道建設の初期段階で複線化が行われた線区では，記録が散逸してその区別が定かでなくなってしまっている場合が多い。こうした区間では，"下駄っ歯"の痕跡を確認することにより，第1線と第2線を容易に識別することが可能となる。

　図4.10はその原理を模式的に示したもので，アーチ橋の土被りが小さい場合（盛土高さが低い場合）はアーチ橋のほぼ中間に継目が位置することになるが，土被りが高くなるにつれて第1線側の占める割合が増加することが理解できる（$L_1 > L_2$）。すなわち，第1線側は盛土の高さと法勾配に応じてアーチ橋の坑道の長さを決める必要があるが，第2線側は基本的に施工基面幅の拡幅のみで済むため，延長すべき坑道の長さはほぼ一定長となる。したがって，この幾何学的関係を応用すれば，坑道延長が長い側を第1線，短い側を第2線として区別することが可能となる。

　この方法は，"下駄っ歯"に限らず，境界が"芋継ぎ"の場合であっても，第1線と第2線の境界さえ明確に区分できれば応用することが可能であるが，施工基面幅（または主桁間隔）で幅が決まってしまう橋台，橋脚のような構造物では判別が難しい。

4.3.5 "下駄っ歯"の導入過程

　"下駄っ歯"の技法がいつ，誰の手によって，どのような過程でわが国にもた

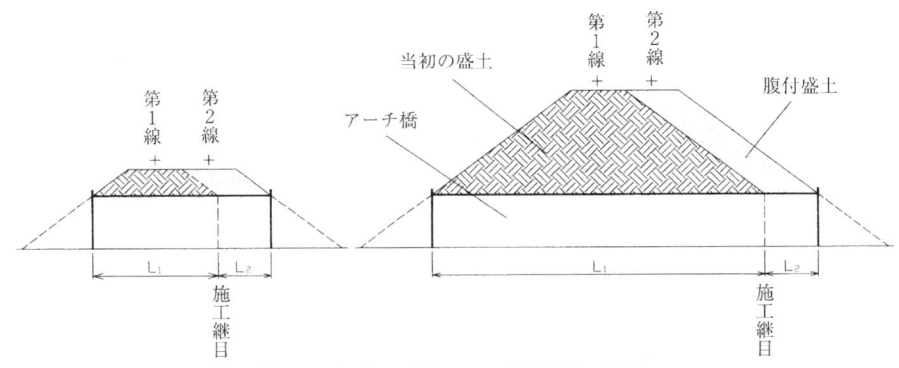

図4.10　"下駄っ歯"による線路増設の識別

らされたかについては，具体的な記録がないためほとんど推定の域を出ない。

これまでの調査から，この技法が導入されるのは1889（明治22）年頃の東海道本線建設あたりからと考えられるが，当初より将来の線路増設を考慮して建設した線区が少なかったこともあって，全国的に普及しなかったようである。ただし，北九州地区に建設された線区のうち，九州鉄道大蔵支線や豊州鉄道田川線では，将来の石炭輸送の増加を見込んで"下駄っ歯"構造が積極的に採用されたものと思われる。その後，わが国の大動脈である東海道本線の主要区間は明治末年までに複線化工事が実施されたため，"下駄っ歯"は当初の予定通り新たに建設された構造部分と接合されて消滅したが，北九州地区のそれは遂に複線化される機会を逸したため，未完のまま現在にいたっているものと考えることができる。

このような"下駄っ歯"の導入過程を明確に示す文書は極めて乏しく，また当時の煉瓦関係の文献で"下駄っ歯"の技法について言及した例も数少ない。例えば，鶴見一之，草間偉の『土木施工法』には，「若シモ煉瓦壁ヲ新ニ古壁ニ接合スルガ如キ場合アラバ，古キ工ノ端ハ櫛歯状トナシテ，之ニ新ラシキ壁ヲ噛ミ合サシムベシ。」[34]と述べ，概念図を掲げているのみである。この図は，Mitchellの著書に掲載された「Fig76，Fig77」[35]をそのまま引用したもので，原著ではこの技法を"toothing"とし，石材・煉瓦など組積造による壁体をつなぐ技法として解説している。しかし，鶴見・草間もそうであるが，いずれも建築構造物（とくに壁体）を前提としたものであり，土木構造物でこの技法をどのように使うかを解説した例は見られない。したがって，当時この技法をアーチ橋や橋梁下部構造に適用する際に，その具体的施工方法を現場においてどのように指示したのかについては，さらに検討の余地がある。

4.4 まとめ

本章では，煉瓦構造物に見られる独特の構造として"ねじりまんぽ"と"下駄っ歯"をとりあげ，その存在理由について考察した。

"ねじりまんぽ"では，現地調査と文献調査により，この技法が斜めアーチを構築するために工夫された優れた土木技術であることを明らかにするとともに，わが国におけるその実態を把握した。その結果，斜めに架けられるアーチ橋がすべてこの技法により設計されているとは限らず，通常の技法により設計された斜めアーチ橋がいくつか存在することを指摘し，その適用条件の違いを明確にした。"ねじりまんぽ"が明治初期に建設された関西地方の線区のみならず，全国各地

の線区に散在しているという事実は，この技法が限られた一部の技術者による特殊な施工法ではなく，ある程度普遍的な土木技術として用いられていたことを示している．ことに斜めに架けられたアーチ橋のうち，スパンドレルが線路方向と平行するものは大半が"ねじりまんぽ"により建設されており，そうでない斜めアーチ橋の場合はスパンドレルの位置を坑軸と直角とすることにより対処しているという事実は，この技法の適用に対して当時の技術者や職人が正確な知識を持っていたことを示している．

　一方，"下駄っ歯"については，主として現地調査に基づいて考察し，"下駄っ歯"が構造物の片側のみにしか見られないこと，その方向に規則性があること，複線分を確保した用地と"下駄っ歯"の方向に相関性があることなどから，"下駄っ歯"が従来説明されていたような装飾的意図に基づく構造ではなく，将来の線路増設という実用的意図に基づく構造であるとの結論を導いた．また，すでに複線化された区間の一部において"下駄っ歯"構造の痕跡が認められることを示し，かつてこの技法が北九州地区のみならず，ほかの地域でも普及していたことを明らかにした．そしてこの"下駄っ歯"の痕跡を調べることにより，第1線と第2線の識別を容易に行うことが可能となることを指摘した．

　"ねじりまんぽ"や"下駄っ歯"に見られる特殊な構造は，煉瓦・石積み構造の退嬰とともに失われた土木技術のひとつと考えられ，結果的に後世の人々にとって，その存在が理解しがたい意味不明の構造として扱われることになってしまったものと考えられる．こうした煉瓦・石積み構造物に見られる特異な構造を"装飾のため"と片付けてしまうことは容易であるが，ある程度普遍的に見られる構造は，たとえそれが説明しがたい構造であっても，そこには何らかの実用的意図が隠されているものとみなす必要があることを物語っていると言えよう．

[第4章　註]
1) 例えば，東条操編『全国方言辞典』東京堂，1951によれば，「まんぽ：隧道．とんねる．富山県礪波地方・石川県江沼郡・福井県南条郡・滋賀県栗太郡・三重県阿山郡・京都府何鹿郡．まんぼ：新潟県岩船郡・静岡・愛知県北設楽郡．まんぽー：出雲．まんぷ：福井県大野郡．」とある
2) 『細雪』に登場する"マンボウ"は，その記述から東海道本線西ノ宮～芦屋間の平松橋梁（572K767M，径間1.80m）がそれとされている
3) 例えば，網谷りょういち「煉瓦の歴史と発達——鉄道の煉瓦を題材として——」『民族建築』No.98，1990など
4) 具体的には，河村清春，小野田滋，木村哲雄，菊池保孝「関西地方の鉄道における『斜架拱』の分布とその技法に関する研究」『土木史研究』No.10，1990，小野田滋，

河村清春，須貝清行，神野嘉希「組積造による斜めアーチ構造物の分布とその技法に関する研究」『土木史研究』No.16, 1996参照
5) 管理台帳等によりその存在が予見されたものの，現地の状況によって確認できなかったものが数ヵ所ある
6) この区間は，『鉄道線路各種建造物明細録・第一篇』鉄道庁，1892に掲載されている構造物と現状の構造物が（"ねじりまんぽ"を含めて）一部で一致せず，1913（大正2）年の揖斐川橋梁架換時に建設された可能性が高いが，詳細は不明である
7) 水野行敏『蘭均氏土木学（上冊）』文部省，1880
8) 伊藤鏗太郎（1857～1912）：工部大学校より札幌農学校編入後，中退。のちに鉄道局技手となり，さらに中国鉄道（現・津山線）の建設工事に主任技師として携わった後，有馬組土木部長となる。『日本鉄道請負業史——明治篇——』鉄道建設業協会，1967, p.291では，学者肌の人物として紹介されているが，『斜架拱』を出版するにいたった経緯は不明である
9) 毛利重輔（1847～1901）：男爵。アメリカ留学後，渡英。釜石鉱山等を経て日本鉄道（現・東北本線，常磐線等の前身）の建設に携わり，のち社長になる。1901（明治34）年，横川～軽井沢間の列車後退事故により碓氷第二五号トンネル付近にて事故死
10) 伊藤鏗太郎，毛利重輔『斜架拱』丸善，1899
11) 前掲10），「緒言」（ページなし）。原著はそれぞれ，Buck, G.W., *A Practical and Theoretical Essay on Oblique Bridges*, Crosby Lockwood and Son, 1895, Nicholson, P., *The Guide to Railway Masonry Containing a Complete Treatise on the Oblique Arch*, Groombridge & Sons Paternoster-Row, 1828, Hart, J., *A Practical Treatise on the Construction of Oblique Arches*, C.F.Hodgson, 1847である
12) 前掲10），「緒言」（ページなし）。原著は，Barlow, W.H., "Description to Diagrams for Facilitating the Construction of Oblique Bridges" および "Diagrams for Facilitating the Construction of Oblique Bridges" で，前掲11）Buck, 1895, pp.65～76に 'ADDENDUM' として所載
13) Shibata, K., "A Note on Skew Arches"『工学会誌』No.229, 1901, Shibata, K., "On the Surfaces of Skew Arches"『工学会誌』No.260, 1904
14) 松永工，飯田耕一郎『土木実用アーチ設計法』博文館，1907
15) 鶴見一之，草間偉『土木施工法』丸善，1922
16) 櫻井盛男『各種拱橋の実地設計法』鉄道図書局，1937
17) 例えば，Culley, J.L., *Treatise on the Theory of the Construction of Hericoidal Oblique Arches*, D. Van Nostrand, 1886など
18) 前掲10），pp.55～64参照
19) 前掲15），p.328参照
20) 渡邊信四郎「碓氷嶺鉄道建築署歴」『帝国鉄道協会会報』Vol.9, No.4, 1908, p.494
21) 前掲7），pp.896～897参照
22) 陸徳慶『中国石橋』人民交通出版社，1992, p.153に掲載されている中国山西省の口南湾立交橋で，1985（昭和60）年に建設された
23) ロルト著，髙島平吾訳『ヴィクトリアン・エンジニアリング——土木と機械の時代——』鹿島出版会，1989, p.23（原著は，Rolt, L.T.C., *Victrian Engineering*, Penguin Books, 1970））による

24) 例えば，Mosca, C., "Details of the Construction of a Stone Bridge erected over the Dora Riparia near Turin", *Trans. of I.C.E.*, Vol.1, 1836, pp.183～194, "Vita di Niccolo detto Il Tribolo", Vasari, G., *Vite (Vol.XI)*, Dalla Societa Tipographica de' Classici Itariani, 1811, pp.167～227など
25) "toothing" の対訳として用いられる用語で，"櫛歯" などとも呼ばれる
26) 例えば，出口隆『九州鉄道茶屋町橋梁――そのデザインの系譜を巡って――』私家版，1989など
27) 田島二郎「美しい橋を保存しよう」『橋梁と基礎』Vol.25, No.8, 1991, p.161
28) 伊東孝「片面だけの装飾――九鉄大蔵・豊鉄田川線の煉瓦アーチ橋――」『建設業界』Vol.40, No.1, 1991, p.6
29) 小野田滋「北九州地方の鉄道橋梁に見られるレンガ・石積みの構造的特徴に関する研究」『土木史研究』No.12, 1992
30) 現在，行橋～田川伊田間が平成筑豊鉄道田川線，田川伊田～田川後藤寺間がJR九州日田彦山線の一部を構成している。本書では煩雑さを避けるため，とくに断りのない限り両者を一括して田川線として扱った
31) これらの複線断面トンネルの実態については，小野田滋「北九州地方に複線断面の単線トンネルを訪ねて」『鉄道ピクトリアル』No.557, 1992参照
32) 最初に開業した線路を第1線，複線化により開業した線路を第2線と称する
33) 在来の盛土に隣接して新たな盛土を設け，両者を一体化させた複線化の方法
34) 前掲15), pp.27～28
35) Mitchell, C.F., Mitchell, G.A., *Brickwork & Masonry*, B.T.Batsford, 1908, p.69

第5章

煉瓦と石材

5.1 はじめに

　煉瓦と同じ時代に，同じ目的で用いられた土木・建築用の構造材料として石材がある．煉瓦と石材は，塊状の素材を個々に積み上げて完成するという点では同じ組積造の材料であり，力学的に圧縮力で構造を維持するという点でも同じである．このため，アーチを用いた造形が多用され，煉瓦と同様にトンネル，アーチ橋，橋梁下部構造を問わず適用されている．

　しかし，いくつかの異なる特徴も持っている．例えば，煉瓦は粘土を焼いて製造する人工材料であるが，石材は天然材料としてとくに山岳地で容易に入手することが可能である．このためトンネル工事や切取工事では，掘削によって発生した岩石を石材としてリサイクル利用することも盛んに行われていた．また石材は，煉瓦に比べて強度や耐久性といった点でも勝っており，重厚感や荘重な雰囲気を演出する効果もあった．その反面，煉瓦に比べて重量や体積が嵩むため運搬が容易でないことや，整形加工を伴うなど取扱いに難があった．

　煉瓦と石材は，その歴史的背景も異なっている．煉瓦が幕末になって突如としてわが国にもたらされた材料であるのに対して，石材は西洋文明がもたらされる以前からわが国の主要な土木材料として用いられてきた実績があり，専門の石工集団も存在していた．その代表的な例が江戸城や大阪城をはじめとする城郭の石垣で，独特の勾配と巨石を隙間なく積み重ねる技術は，その優秀な技量を証明している．また，アーチ構造による石橋の建設技術は，1634（寛永11）年に長崎・興福寺の渡来僧・如定により完成した長崎眼鏡橋（国指定重要文化財）を端緒として九州一円へと広まり，幕末の1800年代中頃には肥後の岩永三五郎をはじめとする石工たちによって数多くのアーチ橋が建設されるにいたった．このうち百数十橋は今も現存すると言われており，道路橋や水路橋として利用され続けている構造物も数多い．

このように，煉瓦と石材は，異なる背景を持ちながらも同じ時代の土木構造物に適用され，コンクリートが普及するまでの間，主要な構造材料として用いられた。本章では，煉瓦と石材の棲み分けや石材の技術基準，石造構造物のデザイン的特徴などについて，文献や現地調査結果に基づいて概観してみたい。

5.2 初期の鉄道工事における石材の沿革

鉄道構造物における石材の適用は煉瓦よりもわずかに古く，1872（明治5）年に開業した新橋〜横浜間鉄道の工事で早くも用いられていた。この区間の工事にあたっては，高島嘉右衛門の推挙により横浜本町の福島長兵衛が石材斫出方支配を命じられ，相模，根府川，伊豆半島の江の浦，岩村，真鶴，吉浜，門川方面より石材を供給したと伝えられる[1]。また一部の石材は，より手近な場所から供給するため，1871（明治4）年，海軍所（のち海軍省）へ交渉して品川七番台場の石垣を取り壊してこれを流用した[2]。

わが国最初の鉄道土木工事によって完成した石造構造物としては，新橋停車場本屋（木骨石造）およびプラットホーム擁壁，横浜停車場本屋（木骨石造）およびプラットホーム擁壁があるが，この両者はほぼ同一の設計によるものであった。1992（平成4）年より行われた旧汐留貨物駅跡地発掘調査では，旧新橋停車場の基礎工が出土し，写真5.1に示す煉瓦工事におけるフランス積みと，写真5.2に示すイギリス積みに相当する異なる2種類の石積みが用いられていたことが明らかとなった。このうち，フランス積みに相当する積み方は，プラットホームの擁壁部分に用いられているもので，横浜の外国人居留地の擁壁などにしばしば見られる"ブラフ積み"と呼ばれる積み方と同種のものと考えられる[3]。これに対してイギリス積みに相当する積み方は，停車場本屋の基礎部分のみに見られ，明らかにこの両者は意識的に使い分けがなされていたことを示している。その理由は明らかでないが，水平方向の土圧に抵抗する必要のある擁壁のような構造物に対しては，アンカーとしての効果が期待される"控え"を持つブラフ積みが有利と判断されたためなのかもしれない。いずれにしても，鉄道工事の最も初期の段階で，こうした石材の組積法の使い分けがなされていたという事実は，従来の伝統的な組積法に代わる西洋流の石造技術の摂取という観点からも興味深いものがある。続く大阪〜神戸間の鉄道建設では，1871（明治4）年に兵庫県菟原郡打出村（現・芦屋市）に工部省の石切場を設けたほか，大阪〜京都間の鉄道建設では，1874（明治7）年に高槻城祉の石垣を切り崩して鉄道に流用した記録が残っている[4]。

第 5 章　煉瓦と石材　　149

写真5.1　旧新橋停車場におけるプラットホームの石積み

写真5.2　旧新橋停車場における駅本屋の石積み

　一方，鉄道建設のために来日した雇外国人のなかには，「石工」としてキング（イギリス・1870.7.7〜1875.7.31辞職），ウエストモーランド（イギリス・1870.7〜1872.10免職），「石工頭取」として，ウォーカー（イギリス・1873.9〜1876.9），ペトルソン（ドイツ・1874.6〜1875.8），ウードヘッド（イギリス・1874.7〜1876.3傷病退職），ランドルス（イギリス・1875.9〜1878.5）の6名の名前がある[5]。これらの外国人石工の雇用期間は1870（明治3）年から1878（明治11）年までの約8年間にわたり，鉄道建設の初期の段階ですでに石工が必要とされていたことが理解できる。もっとも，石工であるキングや石工頭取のペトルソンが新橋駅構内の煉瓦積み工事にも携わっていたことから，職名によって厳密に役割分担が指定されていたわけではなく，いくつかの職種を兼ねながら業務を遂行していたものと考えられる。なお，雇外国人の石工は1878（明治11）年に解約されたランドルスが最後であるが，この時期は西南戦争の勃発による緊縮財政や鉄道技術の日本への転移が進んだこともあって雇外国人の解約が始まった時期であり，他の職種に比べて石工の解約がとくに早かったというわけではない。

　このほか，1876（明治9）年4月に建築師長・ボイルは『西京敦賀間並中仙道及尾張線ノ明細測量ニ基キタル上告書』の中で煉瓦とともに石材の供給候補地についても詳細に報告しており，例えば『西京大津間』では，「此ノ地方ニ産出スル石ノ最衆多ニシテ建築用ニ最良質ナル者ハ花崗石（一名御影石）ナルヘシ。而シテ其ノ性粗質ニシテ是ヲ整理スルニ難カラザル『サイヤナイト』質ナリ（『サイヤナイト』トハ花崗石ノ一種ニシテ黒色ナル金星石ヲ欠キ之ニ代フルニ『ホールンブレンド』ト号スル青色ナル綿石様ノ鉱石を（原文のまま）混入スル者ナリ）。西京ヨリ北七哩ヲ距テ，比叡山東南三十哩ヲ距テ，笠置山南方二十哩ヲ距テ，木津山ヨリ此ノ石ヲ産出ス。而シテ之ヲ要スルノ地ヨリ遠隔スルヲ以テ使用スヘカ

表5.1　文献による石材の供給地

線名	区間	建設年	石材の供給地
東海道本線	新橋〜横浜	1870〜1872	・沿線に煉瓦製造者がなく、煉瓦製造に通じた粘土もなかったため、すべて石材を使用することとした。横浜本町の福島長兵衛が石材新田土方支配を命じられ、相模国根府川、伊豆半島の江の浦、岩村、真鶴、吉浜、門川方面より切り出した
東北本線	上野〜川口	1882〜1887	・海軍所より交渉し、品川七福台場の石垣を取り壊し、最初に利用した
信越本線	横川〜軽井沢	1891〜1893	・荒川橋梁および掛樋場の石を取り、花崗岩として運搬し、その他の部分の石材は参州産が大部分を占めた
奥羽本線	福島〜米沢	1894〜1899	・切石は豊野、間知石は沿線にて採取した
関西本線	木津川橋梁	1895〜1898	・切石、間知石は沿線位置から数ほど上流の2ヵ所から切出した花崗岩で、長石に富み変色しやすいもの、他に良質の石材がないこれを使用した
山陰本線	京都〜園部	1896〜1899	・石材は亀岡付近から花崗岩を産出
篠ノ井線	篠ノ井〜塩尻	1896〜1902	・石材は沿線三坂峯東西にて産出
中央本線	笹子トンネル	1896〜1902	・東西両坑口より花崗岩を産出
	万世橋駅	1906〜1911	・石材はすべて帯陸稲田産花崗岩を用いた
日豊本線	柳ヶ浦〜大分	1907〜1911	・石材の花崗岩は沿線付近より産出
池北線・石北本線	池田〜網走	1907〜1912	・材料輸送が困難なため、ほとんど付近に散在する玉石を利用し、なお不足する分は、嵐山方面から切り出して補給した。綱走湖畔の擁壁など質の悪い限られた木造とした
北陸本線	富山〜直江津	1907〜1913	・石材は主として付近の山県より採取した。一部は能登、近江、信州稲荷山地方より搬入した
	小牛田〜新庄	1911〜1917	・石材は豊野、安山岩、花崗岩であった
陸羽東線	新庄〜酒田	1912〜1914	・石材は、県下各工区とも安山、砂岩、山形両岩下各工区であった
陸羽西線	追分〜稲川	1912〜1916	・石材は、寒風石を採取した
男鹿線			
磐越東線	郡山〜いわき	1912〜1917	・全線にあたって良質な石材が豊富であったため、トンネル側壁、橋台等、石垣及び等にいる無数の間所を木造とした
山陰本線	出雲市〜浜田	1912〜1921	・間知石、切石は、野面石、粗石、花崗岩などは床付近より採取した
東海道本線	大津〜京都	1914〜1921	・石材は、滋賀郡三宝寺より採取した
大湊線	野辺地〜大湊	1916〜1920	・間知石、野面石、青森県東津軽郡下より搬入、下北郡大湊村、岩手県二戸郡鳥海村より切出して工事に多大な便益を得た。鉄道、馬車で運搬した
	員ヶ関〜余目	1916〜1923	・玉石は沿線の野田川、三保川々見ら採取し、三保区、男鹿棄風山産出のものを使用した
	酒田〜京都		・三浦〜大山：現場付近大字中山より採取
			・大山〜余目（東田川郡大山）：西田川郡豊浦村大字中山および大山より堅岩産を購入
			・酒田〜吹浦：飽海郡吹浦村字三瀬および遊佐村字岩蒸条地より採取
			・吹浦〜象潟：飽海郡吹浦村字三瀬より採取
羽越本線	象潟〜秋田	1916〜1924	・秋田〜員ヶ関：現場物石材山岳のものを使用した ・柱根〜道川：付近一帯は石材に乏しかったため、男鹿半島地方より求めて海路で輸送した ・羽後本荘〜羽後平沢：石材の多くは羽沢川付近の海岸より切り出した
胆振本線	倶知安〜京極	1917〜1919	・石材は硬平石、使用した
留萠本線	留萠〜増毛	1919〜1921	・石材は、間知、特角石
山陰本線	浜田〜益田	1919〜1923	・石材は、間知、特角石、雑石を採取、沿線各所より切り出した
予讃本線	伊予西条〜松山	1920〜1927	・石材は、硬砂岩、粗、大島、釣島諸島から産出したものを用いた

ラスト見察スト雖，過半ハ水路ノ便ヲ有スルカ故ニ，其ノ距離ヲ以テ論スヘカラザル者アリ。譬ヘバ平均立二才ノ石ヲ西京ニ於テ償求スルニ，最遠ナル笠置山ノ石ハ立一才ニシテ二十五銭，近距離ナル比叡山ノ石ハ三十三銭ナリ。」[6] と報告し，石質や産地のみならず，運搬手段や経済性の比較にいたるまで周到な調査を行っていた。

表5.1は，明治以降大正期までの工事記録より各工事現場で用いられた石材の産地を抜粋したもので[7]，東北本線・荒川橋梁のように，はるばる関西地方から石材を運んだ例もあるが，ほとんどの場合は沿線の産地から供給していたことが理解できる。

5.3 煉瓦と石材の分布

煉瓦と石材を選択する際の判断基準として，それぞれの材料を容易に調達できるかどうかは，大きな鍵を握っていたと考えられる。このことは，煉瓦の先進地域であったヨーロッパにおいて，煉瓦建築が発達した地域がフランダース地方やオランダ，イングランド地方など石材資源の乏しい地域であったことにも現れており，ロンドンの景観が赤煉瓦によって規定されたように，各地方や都市景観をも支配する要因であったと考えられる。わが国でも，栃木県を産地とする大谷石（凝灰岩）が関東地方における住宅地の塀や倉庫建築などに多用され，また瀬戸内海沿岸を産地とする御影石（花崗岩）がその周辺の土木・建築物に多用されることによって，それぞれの地域の景観に少なからず影響を及ぼしている例がある。

土木材料としての石材が具備すべき条件としては，適度な硬さがあること，均質で異方性が少ないこと，加工がしやすいこと，風化作用や磨損を受けにくいこと，容易に入手できることなどが挙げられる。このような条件をほぼ満足する石材としては，花崗岩，石英斑岩，安山岩，砂岩，凝灰岩などがあるが，地質が複雑で，変成作用や風化作用を受けやすいわが国では，土木用の良質な石材を得ることができる産地はほぼ限定されていた。

図5.1は，今回の調査結果に基づいてわが国の鉄道構造物における煉瓦構造物と石造構造物の分布状況を示したもので，両者の間には明瞭な地域性を読み取ることができる。まず，北海道ではおおむね煉瓦が用いられているが，函館本線七飯〜森間と，目名〜余市間の山間部に石造構造物が存在する。東北地方では，盛岡を中心とした東北本線，山田線，陸羽東線の新庄〜鳴子間，郡山を中心とした

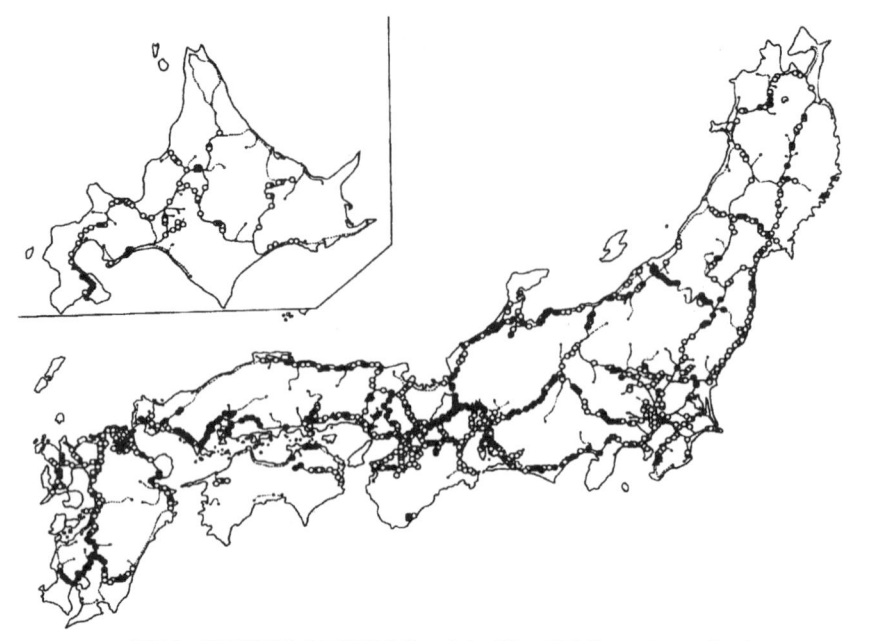

図5.1 煉瓦構造物と石造構造物の分布（○：煉瓦積み，●：石積み）

東北本線白河〜福島間，磐越西線，磐越東線郡山〜夏井間などに石造構造物が用いられているほか，奥羽本線，常磐線などにも点在する。関東地方は，ほとんどが煉瓦構造物であるが，常磐線の取手〜友部間に石造構造物が分布する。中部地方は，中央本線や信越本線の長野以北，北陸本線の長浜〜湯尾間，富山〜直江津間，東海道本線名古屋〜米原間などに石造構造物が多く，東海道本線のほかの区間と旧東海道本線である御殿場線は，煉瓦と石造構造物が混在している。近畿地方は，福知山線，加古川線，播但線など兵庫県下の山間部の線区に石造構造物が多いほか，東海道本線米原〜大津間も石造構造物が多い。中国・四国地方は山陽本線和気〜防府間，芸備線，山口線，山陰本線浜坂〜米子間，予讃線高松〜観音寺間に石造構造物が分布している。とくに広島県や香川県は，古くから煉瓦産業が発達していたが，瀬戸内海産の花崗岩がそれにも増して広範囲に利用されていたことが理解される。九州地方のうち北部九州は，日豊本線，日田彦山線，大村線の一部を除いて煉瓦が主体であるが，南部九州は，肥薩線，鹿児島本線川内〜鹿児島間，吉都線の一部など，石造構造物が主体となっている。

こうした石材と煉瓦の選択を行った際の具体的な記録は数少ないが，例えば旧豊州鉄道の建設にあたっては，すべて煉瓦積みとする計画であったものの，この

工事を請負った久米組は経費節減のため、遠隔地より搬入する煉瓦より、沿線から豊富に産出する花崗岩などの石材の使用を主張した。そして、「煉化石の間に合はざる部分に限り石材使用差支えなしと云う折衷的決定を与えた。請負者側の計算よりすれば、石材ならば煉化石の半値にて事足るのである。業者としても一文の利益もない煉化石は斯うして四割内外儲かる石材使用を許されたのである。」[8]とその経緯を記している。この記述から、山岳地の建設では煉瓦の工費が石材に比べて高かったことがわかり、経済性や資材調達に要する期間などを勘案して判断していたことが理解できる（4.3.2（2）参照）。

一方、石材から煉瓦に変更した事例としては旧関西鉄道柘植〜奈良間の工事記録があり、大河原付近の小トンネルで側壁の粗角石が崩落する事故があったが、「落下の箇所は逆巻の足付を煉化石にて急速に施工し落下を抑止した。その際石材は重くして急速に作業し難きを以て煉化石を使用したのである。」[9]とあって、急速施工という点では軽量で扱いやすい煉瓦に分があった。

このように、煉瓦と石材の選択は、両者の長所と短所を勘案して各現場単位で行われていたと考えられる。また、同一構造物であっても煉瓦と石材の双方を用いている場合があり、両者がほぼ同じ条件で入手できるような現場ではこれらを混用することもひとつの選択肢であったことを示している。

5.4 石材の技術基準

石材の品質管理や、施工に関する示方書は、煉瓦と同様に未整備の状態が続いていたが、寸法などを含む簡単な材料検査は明治中期には行われていたようで、「間知石の納入の如き当時は頗る寛大にして、間知石の控え即ち長さが二尺と規定されていても、釘の様に細くなっておる尖端まで寸法を取って、それで納入することができた。しかし山陽鉄道会社は総ての面が整備して組織的で細密に亘り規定され、他社に比し水際立って整頓されて居ただけに、間知石の如きも断面の寸法まで規定されていてゴマ化しの余地がなかった。」[10]といった記録が残されている。また、1903（明治36）年頃に用いられた隧道修繕工事の仕様書では[11]、石材の品質について下記のように示方していた。

石材
起拱石用及排水溝用石材ハ、花崗石ヲ用ヒ、左ノ要件ニ適合セルモノタルヘシ。成分ハ石英、長石ニ富ミ、雲母ノ尠キモノヲ要ス。石質ハ堅硬ニシテ靱性ニ富ミ、組成同質ニシテ分子ノ凝結強固緻密ナルヲ要ス。水分ノ吸収量極メテ僅少ナルモノヲ要ス。破砕面

ハ面状，角立チ清浄ニシテ光輝ヲ呈スルモノタルヘシ。遊離性ノ細紡筋脈，縞目，異質ノ斑点，巣穴，裂目，土気ノ現出及腐蝕ノ徴候等アル者ハ総テ之ヲ排却ス。

　この仕様書では，煉瓦のように吸水率や強度に関する規定はなく，構成鉱物と外観によって定性的な示方を行うにとどめていた。

　こうした示方書は，それぞれの現場ごとに示方されていたようであるが，1917（大正6）年10月22日付・達第1060号「土工其ノ他工事示方書標準」ではじめて統一したものが示され，石材の品質と施工法について，石材の種類を粗石，切石，間知石，割石，野面石，栗石の6種類に分類し，それぞれの寸法が尺寸によって細かく規定された。しかし工業製品でないためか，強度や吸水量などの物理的性質は数値としては表現されなかった。

　石材の品質管理が煉瓦材料ほど重視されなかったことは，それが天然材料であるため品質管理を行うのが事実上不可能であったこと，品質に欠陥があるような石材が万一混じっていたとしても簡単な外観検査や整形・加工する段階で十分にチェックできたこと，多少品質の落ちる石材でも煉瓦に比べれば強度はおおむね勝っていたことなどが考えられる。また，伝統的な石工の技術によって支えられていた石積み工事に対する信頼性も，緩やかな示方にとどめた要因のひとつであったのかもしれない。

5.5　石材の積み方

　石積みの種類は，煉瓦構造物と同様に様々なものがあり，図5.2に示すようなものが確認されている。以下，それぞれの積み方について，その技法と適用条件，

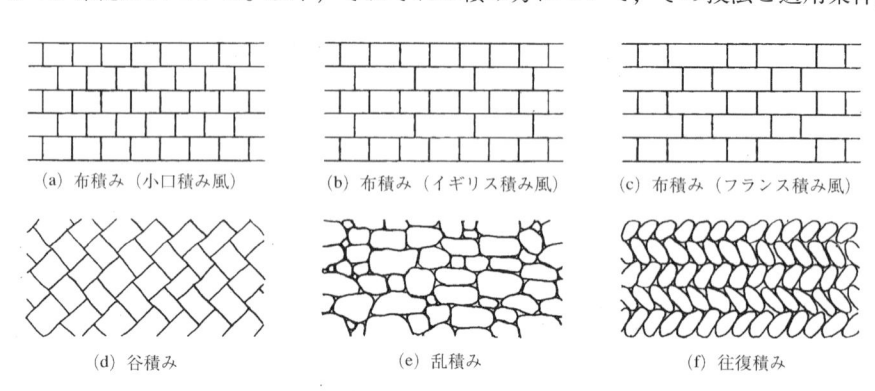

図5.2　石積みの種類

(a) 布積み（小口積み風）　(b) 布積み（イギリス積み風）　(c) 布積み（フランス積み風）　(d) 谷積み　(e) 乱積み　(f) 往復積み

分布状況等について概説する。

(1) 布積み

　布積みは別名"切石積み"(ashlar work)，"煉瓦積み"，"整層切石積み"などとも呼ばれ，煉瓦と同様に直方体に整形した石材を積層させて躯体とする。布積みには，旧新橋停車場の基礎でも観察されたように(**写真5.1**，**写真5.2**)，煉瓦積みにおけるイギリス積み，フランス積み，長手積み，小口積みと類似した技法を観察することができる。

　イギリス積み風は**写真5.3**に示す肥薩線・第二球磨川橋梁に示すように小口の段と長手の段が1段ごとに交互に積層するもので，これに対してフランス積み風は**写真5.4**の関西本線・屋渕川橋梁に示すように同じ段で小口と長手が交互に現れるものである。この両者は，先述のように旧新橋停車場の基礎にも用いられており，雇外国人技術者の指導とともにわが国にもたらされた積み方と考えられる。最も一般的に用いられているのは，**写真5.5**に示す東北本線・阿武隈川橋梁のような小口積み風で，石積み構造物のほとんどがこの積み方によっている。

　布積みはとくに鉛直方向の荷重に耐えることができる積み方として一般的に用いられており，その適用範囲もトンネルおよびアーチ橋，橋梁下部構造，土留壁

写真5.3 第二球磨川橋梁(那良口〜渡)の石積み 　　**写真5.4** 屋渕川橋梁(加太〜柘植)の石積み

写真5.5 阿武隈川橋梁(白川〜久田野)の石積み

写真5.6　山手線・原宿宮廷ホームの土留壁　　写真5.7　屋渕川橋梁付近における土留壁

など全般にわたっている。このうち土留壁のみは後述のように谷積みによるものが大半を占めるため適用例は少ないが，一部の土留壁では小口積み風の布積みを観察することができる。

(2) 谷積み

　谷積みは，間知石を斜め方向に噛み合わせながら積み上げる方法で，文献では鉄道で発達した石積みの方法として紹介されていることから[12]，鉄道網の進展とともにこの技法が各地へ広まったものと推察される。写真5.6は，山手線・原宿宮廷ホームに見られる土留壁を示したものであるが，こうした水平方向の荷重が作用する抗土圧構造物に対して，鉛直方向の荷重が作用する橋梁下部構造（土留壁としての役割を兼ねる橋台を含む）やトンネルでは谷積みがほとんど見られない。谷積みが土留壁に多用される理由としては，水平に目筋が通る煉瓦積みや布積みでは水平方向の荷重に対して脆弱な構造となるため，目筋が鋸歯状に組まれてより強固な構造となる谷積みが推奨されたためではないかと考えられる。また，一般に目地をモルタルやコンクリートで固めない空積みが用いられるため，排水機能に優れ，土圧を増大させないという利点もあるほか，布積みのように石材を直方体に正確に仕上げる必要がないため加工が容易で，工費や工期の点でも有利であったと思われる。

　なお，これまでの調査では谷積みは布積みよりも新しい年代の構造物に多く見られる傾向があるほか，写真5.7の関西本線・屋渕川橋梁付近における土留壁のように両者を併用する場合は下部に布積み，上部に谷積みを用いることが多い。文献では，この積み方が明治30年代の中央本線の建設あたりを契機として用いられたとしているが[13]，谷積みが多用される土留壁は建設年代が明確でないものが多く，その起源についてはさらに精査が必要である。

(3) 乱積み

写真5.8 上三道路架道橋（山崎〜高槻）のウイング

　乱積みは，不定形の石材をランダムに積んだもので，粗野な印象を受け，構造的にも弱いためか適用例はそれほど多くない。この積み方を最初に適用した事例として，写真5.8に示す東海道本線・上三道路架道橋など，京都〜大阪間のアーチ橋のウイングやスパンドレルを挙げることができ，鉄道建設のごく初期段階で用いられていたことを示している。

　乱積みが見られる線区は明治30年代以前の路線が多く，このため谷積みが定着する以前の積み方として用いられ，やがて谷積みに置き換わったものと推定される。

(4) 往復積み（折返し積み）

　往復積みは，玉石などを谷積み風に積んだもので，折返し積みなどとも呼ばれる。この積み方は，飯田線沿線や徳島線沿線の土留壁や橋台ウイング，プラットホーム擁壁に用いられている地域性の顕著な積み方で，これは中央構造線に沿ったこれらの地方で産出する片岩を用いているためと考えられる[14]。片岩はもともと片理面に沿って薄く剥離する異方性を持っているため，布積みのような積層構造には適さないが，これを練積みによって擁壁構造としたもので，土留壁としては写真5.9に示す飯田線平岡〜為栗間の土留壁など，またプラットホーム擁壁としては，徳島線の石井駅，鴨島駅，阿波川島駅などの例がある。

5.6　石材の仕上げと技法

5.6.1　表面の仕上げ

　石材の表面の仕上げは，図5.3に示すように様々な方法がある。しかし，土木構造物の場合は，比較的厳密な加工が要求される布積み用の角石でも，表面を粗

写真5.9　飯田線平岡～為栗間の土留壁

く仕上げた玄翁払い程度で済ませている場合が多い。1917（大正6）年10月22日付・達第1060号「土工其ノ他工事示方書標準」では，原則として石材と石材が接する合端の部分は鑿切または玄翁払いとし[15]，側面に現れる部分をこぶ出し仕上げとするよう規定したが，石造構造物の中には入念な仕上げを行った例もしばしば見られる。

とくに入念に加工した例としては，四辺を小叩きで縁取りした江戸切（またはルスチカ：rustic）と呼ばれる技法があり，佐世保線・日宇裏第二橋梁などいくつかの構造物に見られる。また，異なる表面仕上げの石材を組み合わせた構造物もあり，写真5.10に示す関西本線・坊谷トンネル坑門は，下半部をびしゃん仕上げ，それ以外の部分を江戸切としてアクセントをつけている。

一方，笠石や帯石などの装飾を目的として用いられる石材は丁寧に加工される場合が多く，鑿切または小たたきなどによって表面を平滑に仕上げるとともに，面取り等の加工を行って水垂とする場合が多い。

石材表面の仕上げ加工は，とくに大規模な構造物において，大味になりがちな石積み構造物の表面にアクセントを与え，全体の印象を引き締める役割を担っていたものと考えられる。

5.6.2　空積みと練積み

石垣などわが国の伝統的な石積みでは，原則として目地を用いず，石材と石材の噛み合わせによるいわゆる空積みが一般に用いられていた。この方法は，西洋流の石積みが導入されてからも用いられ，とくに土留壁では空積みのまま仕上げた例が多い。これに対して練積みは，石材（主として天然の玉石）と石材をモルタルやコンクリートで充填した積み方で，明治時代にセメント材料が普及し始め

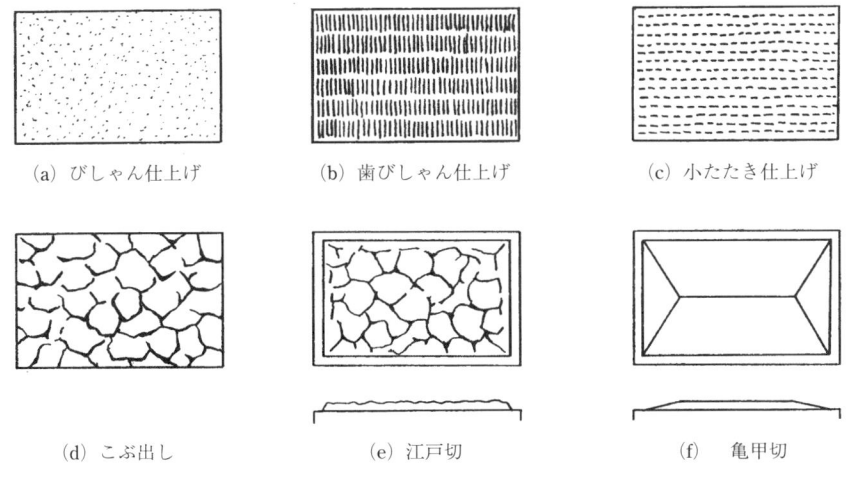

(a) びしゃん仕上げ　　(b) 歯びしゃん仕上げ　　(c) 小たたき仕上げ

(d) こぶ出し　　(e) 江戸切　　(f) 亀甲切

図5.3　石材の仕上げ

写真5.10　坊谷トンネル（関〜加太）の石積み

てから用いられた技法である。このなかには，石積みを型枠代わりとした裏込充填による練積みもあり，コンクリートと石材の利点を活かした構造として用いられた。

　この両者について1917（大正6）年に制定された「土工其ノ他工事示方書標準」では，間知石はすべて谷積みとし，練積みもしくは高さ6フィート（約1.8m）以下の空積みに限って布積みとすることとしていた。写真5.6に示した山手線・原宿宮廷ホームの土留壁では，上部は空積み，下部は練積みとしている。このほか練積みは，当初は空積みであったものを，後年目地を埋めて練積みとした場合もある。

写真5.11 小前田架道橋（永田～小前田）のウイング

　また，玉石を空積みで積むことは難しいが，練積みと組み合わせたものを玉石練積みと称し，トンネルの坑門やプラットホーム擁壁などにしばしば観察することができる。**写真5.11**は秩父鉄道・小前田架道橋のウイングに見られる玉石練積みを示したものである。

5.6.3　梁部材としての適用

　板状の石材を床版桁としてそのまま用いた橋梁は，小スパンの人道橋や日本庭園の橋などにしばしば見られるが，引張り荷重や衝撃荷重には弱いため，数十トン単位の動荷重が作用し，ある程度の径間を確保しなければならない鉄道橋ではあまり適用例がない。ただし，径間数m程度の盛土直下の函渠などにはしばしば板状の石材が用いられており，当時の専門書でも石造函暗渠（stone box culvert）として紹介されている[16]。

　こうした石造函暗渠は，新潟県下の支線群や熊本県下の鹿児島本線に顕著に分布するほか，全国各地に散在している。**写真5.12**は山陽本線・風呂小路橋梁を示したもので，橋台に相当する部分の煉瓦に持送り積みの技法が観察できる。また，石材による梁構造はコンクリートの導入期における構造物にも受け継がれており，**写真5.13**に示す京成電鉄・海神架道橋のように，躯体は煉瓦造とし，梁部分を石材の代わりにコンクリート単版桁とした例もある。

5.6.4　アーチへの適用

　トンネルやアーチ橋のようなアーチ構造物は，側壁や坑門が石積みであってもアーチ部分にはほぼ例外なく煉瓦積みが用いられている[17]。その理由は，石材のような重量物をアーチに用いることは施工がきわめて困難であり，このため煉瓦

写真5.12　風呂小路橋梁（松永〜尾道）　　写真5.13　海神架道橋（海神〜京成船橋）

材料の入手が難しい地域であってもアーチ部分だけは例外的に煉瓦を用いざるを得なかったものと推定される。

　しかし，アーチ部分に石材を用いた構造物もごく一部に存在し，**写真5.14**に示す中央本線・鹿野沢橋梁のように，長野県下の中央本線と，神奈川〜静岡県下の東海道本線に顕著に見られる。また，旧熱海線（現・東海道本線国府津〜沼津間）のトンネルにも，アーチ部分に石積みを用いた例が散見できるが，これらは例外的な存在である。このほか，セメント系材料が極度に欠乏した太平洋戦争中にも，コンクリートの代用材としてトンネルのアーチ部分に石材が用いられ，1942（昭和17）年に着工した新幹線の新丹那トンネルでは「戦時下セメントの不足は深刻なものがあり，遂に本隧道では伊豆産出の水成岩を利用する石積覆工，特にアーチ覆工に応用する域にまでなった。」[18]という記録が残っている。

5.7　まとめ

　本章では，煉瓦とほぼ同時代に用いられた石材について，その分布状況や技術基準の変遷，デザインの特徴などについて明らかにした。その結果，石造構造物は煉瓦の供給が困難で，石材の供給が容易であった地域に多く見られることが示され，石材を用いるか煉瓦を用いるかという選択は，それぞれの工事現場の立地条件に依存していたことが明らかとなった。また，技術基準に関しては，煉瓦に比べてその品質管理基準や施工に対する示方は緩やかであったが，これは天然材料であるため，人工材料である煉瓦のように厳密な品質管理を行う必要性がなかったためと考えられる。

　このようにして完成した石造構造物は，煉瓦と同様に様々な組積法や仕上げが見られ，石工職人もいろいろな工夫を行って構造物を仕上げていたことが明らか

写真5.14　鹿野沢橋梁（小淵沢～信濃境）の石積み

にされた。とりわけ布積みの存在は、わが国の伝統的な間知石を用いた積み方に対して西洋式の組積法と考えられ、鉄道などの西洋技術の導入とともに広まった手法と考えられる。これに対して間知石を主体とする谷積みは、雇外国人への依存から脱却した明治中葉より現れ、水平荷重の作用する擁壁は谷積み、鉛直荷重の作用する橋台・橋脚は布積みという和洋の技術の使い分けがなされるようになった。谷積みは、諸外国における当時の組積法の解説書に現れないことから、わが国独自の技法と判断される。

　雇外国人のひとりであるポッターは、英国土木学会で1878（明治11）年に行った講演の中で「日本では煉瓦造りはほとんど用いられない。しかも石造建築は劣悪である。その理由は接合材がないことにある。このことは石切りの方法・組織にもおそらく原因がある。すなわち、大きな丸石を二つにわり、クルミを半分に割ったような原形にするのである。勿論、外側は割った表面をならべるが、内側は接合材なしに何らかの方法で埋められているだけなのである。お気づきと思うがこのような方式による橋台や、壁のような石造建築は完成した当座は見かけがよく、外見は強そうでも耐久力はないのである。（原文のまま）」[19]と日本の伝統的な石造技術に対して批判的な意見を述べた。この発言は、布積みを原則とする西洋式の石積み技術から見て、日本の石積み技術がはなはだ不完全な方法であることを述べたものであった。これに対して日本側も西洋式の布積みを非合理的な方法として捉えており、井上勝の伝記には「給料等の冗多なるは論無く、意志相通の不充分なるに依りて冗費を要するの多き勝けて数ふ可からさるものあり。例へは橋の石垣を積むに上下合場のみを平にすれは宜敷ものを、四面皆平に磨きたることもあり。枕木も直角に限りたる事もありし等無益の費用を冗出するのみならす、時日も随て多消せさるを得さりし。」[20]とあり、四角に整形することを原則

とした西洋式の石積みを冗長で無駄なものとして批判していた。おそらく日本の石工は，西洋流の組積法を学びつつも，擁壁などの構造には自らの方法が経験的に優れていることを認識していたものと判断される[21]。

煉瓦は，西洋から一方的に導入された技術であったため，わが国独自の工夫がなされる余地はほとんどなかったが，石積みは数百年にわたるわが国固有の技術的蓄積という素地があったため，布積みという西洋式の積み方を受容しつつも，谷積みのような独自の技法を編み出すにいたったものと考えられる。

[第5章　註]

1) 初期における石材供給地の記録としては，1871（明治4）年1月付「十八．松尾芳兵衛石代ヲ書出ス」，同年1月29日付「廿五．真名鶴石山之義小田原藩往復」などの文書がある。同文書は『鉄道寮事務簿・巻一』（交通博物館所蔵）に収録されている

2) 台場からの石垣供給については，1870（明治3）年12月7日付「十二．品川四番台場石取之義弁官江上申」などの文書がある。同文書は『鉄道寮事務簿・巻一』（交通博物館所蔵）に収録されている

3) "ブラフ積み"については，『都市の記憶——横浜の土木遺産——』横浜市，1988，p.52参照

4) 1874（明治7）年8月16日付「三．高槻城跡石類譲受一件」参照。同文書は『鉄道寮事務簿・巻十七ノ二』（交通博物館所蔵）に収録されている

5) 山田直匡『お雇い外国人④交通』鹿島研究所出版会，1968などによる

6) 『日本鉄道史（上篇）』鉄道省，1921, pp.214〜215

7) 本表は，河野天瑞「荒川鉄橋建築工事報告・第二」『工学会誌』No.49, 1886, 那波光雄「関西鉄道木津川橋梁」『鉄道協会誌』Vol.1, No.1, 1898, 小城齋「奥羽線福島米沢間の鉄道」『帝国鉄道協会会報』Vol.1, No.4, 1899, 石丸重美「官設鉄道篠ノ井線建設事業之概況」『帝国鉄道協会会報』Vol.1, No.5, 1900, 「官設鉄道中央東線笹子隧道工事報告」『帝国鉄道協会会報』Vol.5, No.3, 1904, 渡邊信四郎「碓氷嶺鉄道建築畧歴」『帝国鉄道協会会報』Vol.9, No.5, 1908, 『大分線建設概要』鉄道院大分建設事務所，1911, 『網走線建設概要』鉄道院北海道建設事務所，1912, 森早苗「萬世橋停車場建築工事概要」『帝国鉄道協会会報』Vol.13, No.2, 1913, 遠武勇熊「富山鉄道建設概要」『帝国鉄道協会会報』Vol.14, No.2, 1913, 『酒田線建設概要』鉄道院北海道建設事務所，1915, 『船川線軽便鉄道工事概要一班』鉄道院東部鉄道管理局秋田保線事務所，1916, 『陸羽東線建設概要』鉄道院新庄建設事務所，1917, 『平線建設工事一覧』鉄道院郡山建設事務所，1917, 『東倶知安線建設概要』鉄道院北海道建設事務所，1919, 『浜田線鉄道建設概要』鉄道省米子建設事務所，1921, 『増毛線建設概要』鉄道省北海道建設事務所，1921, 『軽便鉄道大湊線建設概要』鉄道省盛岡建設事務所，1922, 『大津京都間線路変更工事誌』鉄道省神戸改良事務所，1923, 『羽越線建設概要』鉄道省長岡建設事務所，新庄建設事務所，秋田建設事務所，1924, 『羽越北線建設概要』鉄道省秋田建設事務所，1924, 『益田線鉄道建設概要』鉄道省米子建設事務所，1924, 『松山線建設概要』鉄道省岡山建設事務所，1927, 『日本鉄道請負業史——明治篇——』鉄道建設業協会，1967の各記述に基づく

8) 『日本鉄道請負業史——明治篇——』鉄道建設業協会，1967, p.172
9) 前掲8), p.130
10) 前掲8), p.167
11) 奥平清貞「隧道修繕工事」京都帝国大学卒業論文，No.13, 1903（ページなし）（京都大学工学部土木工学科所蔵）
12) 例えば，大久保森造，大久保森一『石積の秘法とその解説』理工図書，1969など
13) 前掲12) p.19, p.86による
14) 木, 立, 生（木下立安）「徳島鉄道の開業」『鉄道時報』No.5, 1899, p.69にも，「石垣は煉瓦の外岩石のみにして此岩石は附近の山より切出したる平板なる岩なり。」とある
15) 鑿切は，石材の表面を鑿によって仕上げる加工方法で，仕上げの粗さによって荒切り，中切り，上切りなどに分けられる。玄翁払いは，石材の表面の凸部を玄翁で払い落とすこと
16) 鶴見一之，草間偉『土木施工法』丸善，1912, pp.303〜306参照
17) 例えば，馬場俊介『近代土木遺産調査報告書——愛知・岐阜・三重・静岡・長野——』私家版，1994, pp.30〜31, pp.50〜51には国道トンネルでアーチに石材を用いた事例として，旧天城山隧道（国道414号線・静岡県賀茂郡河津町），旧伊勢神隧道（国道153号線・愛知県東加茂郡足助町）の2例が報告されている
18) 土木学会『土木工学の概観』日本学術振興会，1950, p.400
19) ポッター著，原田勝正訳「日本における鉄道建設」『汎交通』Vol.68, No.10, 1968, p.7（原著は，Potter, W.F., "Railway work in Japan", *Min. of Proc. of I.C.E.*, Vol.56, Sect.Ⅱ, 1878〜1879）
20) 井上勝「日本帝国鉄道創業談」pp.25〜26。同文は，村井正利『子爵井上勝君小伝』井上子爵銅像建設同志会，1915に付録として収録されている
21) 同内容の指摘は，網谷りょういち「今も残る京阪神開通当時のレンガ構造物」『鉄道ピクトリアル』No.483, 1987, p.99ですでになされている

第6章

煉瓦構造物の衰退

6.1 はじめに

　明治維新と前後してわが国に導入された煉瓦は，その後の西欧技術の移入とともに土木・建築材料として用いられ，社会基盤施設の整備・拡充に多大な貢献を果たした。ことに本書の主題である鉄道は，これまで見てきたようにトンネルや橋梁を建設するために大量の煉瓦を消費し，煉瓦の存在なくして鉄道網の伸展はあり得なかったと称しても過言ではない。しかし，明治末期にコンクリート構造物の実用化が開始されると煉瓦構造物の将来にもかげりが見えはじめ，1923（大正12）年に発生した関東大震災で煉瓦構造物の耐震性が指弾されてからは，急速に衰退したと言われている。

　一方，コンクリートの原料となるセメントは，煉瓦の接合材料に使用されるモルタルに用いるため，煉瓦とほぼ同時期には日本にもたらされた。しかし，品質が安定しなかったため国産化を軌道に乗せることができず，しばらくの間は輸入セメントの時代が続くなど，その普及は容易でなかった。このセメントを原料としたコンクンリート構造物が現れるのは明治30年代になってからで，当時は諸外国でも発展途上の構造であったため，技術者たちはこの新材料をどのようにして土木・建築構造物に適用すべきか，試行錯誤を繰り返すこととなった。

　こうした煉瓦構造物からコンクリート構造物へ遷移する過程については，これまでにも建築分野における研究事例があり，堀勇良は煉瓦建築における鉄材料の導入過程，鉄筋コンクリート構造の導入と実用化，鉄筋鉄骨コンクリート構造の成立過程について，近代建築史の立場から解明した[1]。そして，明治20年代に普及した耐震煉瓦構造である"碇聯鉄構法"[2]がその後の鉄筋コンクリート構造の受容に対して技術的な準備をなしたと指摘し，煉瓦造建築における"防火床構造"[3]から鉄筋コンクリート構造への移行過程を明らかにした。このなかでは，同時代における土木構造物の事例についても言及し，白石直治などの土木技術者が建築

分野に与えた影響についても考察が行われた。

これに対して鉄道分野におけるコンクリート構造の導入過程については，通史としてはいくつかあるものの，具体的にどのようなプロセスを経て普及したのかはほとんど明らかにされていなかった。そこで本章では，実際の煉瓦構造物の調査結果から，コンクリート構造物への移行過程を明らかにし，それとともに煉瓦がどのようにして衰退したのかを解明することとした。

6.2 鉄道におけるコンクリート系材料の導入過程

6.2.1 初期の鉄道工事とセメント

煉瓦は，粘土と窯さえあれば，比較的場所を選ばずどこでも容易に生産することが可能であったが，コンクリートの素材のひとつであるセメントは，石灰岩を原料とすることや，それまでのわが国では経験のなかった特殊な生産設備を必要とすることなどから，大量生産を軌道に乗せることができず，土木・建築材料の中でも高価な材料として扱われていた。

わが国で最初にセメントの生産が開始されるのは1873（明治6）年に東京・深川に設置された官営工場（のち民営化され，浅野セメントを経て現在の日本セメント）で，奇しくも鉄道の開業とほぼ同じ頃であった。初期のセメント材料は，主として煉瓦を接合する際の目地や，構造物の基礎部分の均しコンクリートとして用いられていたが，その様子については旧新橋停車場構内の「トロンテーフ（プ）ル」（ターンテーブル：転車台）に関する下記のような記述にも見られる。

○二月十四日（明治5年）　曇風
　　1.キンク氏差図にてトロンテーフル遣いスメント砂利練合台槻脊板にて拵ル
○二月十七日（明治5年）　晴
　　1.トロンテーブルスメント砂利取交入突堅真中大石居方致ス
○二月十八日（明治5年）　晴
　　1.トロンテーブル廻りスメント砂利入突堅メ
○三月二十三日（明治5年）　曇ル
　　水溜所石方御入用入札
　　仕様書
　　1.丸差渡壹丈四尺五寸　水溜所
　　　右は小砂利セメント共取交突堅メ
　　　　　　　　　　　　　　　　　　　　　　　　　　　　　（原文のまま）

この記録は，大島盈株の日記に現れるもので[4]，ターンテーブルなどの基礎部分に「スメント」（セメント）を用いていたことがわかる。また，「コンクレート」

（コンクリート）という用語についても，下記のような記述がある。

○三月二十五日（明治6年）
　1.三番秤台地形コンクレート入レ
○十一月十四日（明治6年）　　晴　金
　1.鍛冶場地形コンクレートにて一間に付，杭打にて一間に付，右両様とも取調差出候様財満公御達ニ付即刻取調差出す
○十一月十九日（明治6年）　　曇ル　水
　1.鍛冶場コンクレート並根石積とも地形一間に付金二十三円十八銭に取調財満公差出す
○四月廿八日（明治7年）　　晴　　　　　　　　　　　　　　　　　　（原文のまま）
　1.鍛冶場コンクレート本日より築初めの事

　これらの記述から，コンクリートを地形(ちぎょう)に用いていたことが理解できる。
　一方，ポッターは，1870（明治3）年〜1874（明治7）年にかけて工事が行われた大阪〜神戸間の鉄道工事について紹介した中で，「国内で調達される建設資材についてみると，第一に不足しているのは良質の建築用石灰である。最少限でも水分を含んだ石灰石はいまだに発見されていない。純粋な結晶状の石灰石は一般に丘陵地帯で発見されるが，ここからとり出される石灰は，いかなる仕事に使うにしても水の作用にさらされていて，濃厚すぎる。それ故大量のポルトランドセメントが，建設作業に用いられ，石工，煉瓦工などの工事の費用はかなり高くなっている。」[5]と述べており，日本の鉄道建設で不足している資材は良質の石灰であり，このことが結果的に工事費を高めていると指摘した。
　高価であったセメントの代用材として，明治初期の土木・建築工事では"とろ"（未固結の煉瓦粘土）や"漆喰"（すりつぶした貝殻を焼いて消石灰としたもの）などが用いられたとされるが，こうした記録による限り，鉄道工事では比較的早い段階からセメント材料を用いていたと考えられる。また，当時の公文書にも外国へポルトランドセメントを発注した記録が残っており[6]，鉄道という国家的プロジェクトに対して優先的にセメント材料が供給されていたものと判断される。その背景には，鉄道構造物の耐久性にとってセメント材料の使用が不可欠であると考えられたこと，同じ国営事業として発足した国産セメントの使用を奨励する必要があったことなどの理由があったと思われる。とは言え，セメントは高価で入手も困難であったため，代用材として石灰，火山灰なども混用してその節減が図られたとする記録もある[7]。
　その後，コンクリートの利用はさらに拡大し，橋梁の基礎や開削トンネルにおける覆工背面の裏込め材料としても部分的に用いられ，大阪〜神戸間の武庫川橋

梁，下神崎川橋梁，下十三川橋梁などでは，木杭の上にコンクリート基礎を築き，さらに煉瓦の躯体を構築したとされるほか[8]，芦屋川トンネルの覆工背面は厚さ1フィート（30.5cm）のコンクリートで塗り固められた。また，明治初期のトラス橋に用いられた鉄管柱による橋脚の中埋材としてコンクリートが使用されたが，これらはいずれも無筋の硬練りコンクリートであった。

このように，この時期におけるコンクリート材料は，煉瓦造や石造を補完する言わば脇役としての地位にとどまっていたが，こうした工事を通じてコンクリートの施工に習熟する機会を得たことは，土木分野におけるコンクリートの普及にとってその技術的な下準備をなしたと言えよう。

6.2.2 コンクリート構造物の導入

初期の鉄道構造物では，まず煉瓦橋脚の中埋め材料としてコンクリートを用いることから始められ，1895（明治28）年に建設された関西本線・揖斐川橋梁の下部構造や，1901（明治34）年に建設された東海道本線・上淀川橋梁などで用いられた。この方法によれば，煉瓦の躯体をそのまま型枠として流用することができ，上部からコンクリートを流し込むだけで済むため，施工も比較的容易に行うことが可能であった。

それまでのコンクリート構造物は無筋構造であったが，これと鉄筋を組み合わせて強度を高めた構造が鉄筋コンクリートであった。鉄筋コンクリートの特徴は，鉄筋を入れることによって煉瓦や石材の弱点であった引張強度やせん断強度を高めた点にあり，これによって柱や梁，床版など，それまでの材料では実現困難であった造形が可能となった。鉄筋コンクリート構造の研究は，すでに明治20年代末から供試体レベルの基礎実験が始まり，1903（明治36）年には京都帝国大学教

写真6.1　島田川暗渠（米子～安来）

授・田邊朔郎によってわが国最初の鉄筋コンクリート構造物として，京都市山科区の琵琶湖疏水に長さ4間1分（約7.4m）のメラン（Melan）式鉄筋コンクリート橋が設計・架設された。同じ年，台湾総督府臨時鉄道敷設部技師長であった長谷川謹介は，台湾縦貫鉄道新竹～豊原間の建設工事のうち，中港～苗栗間の見返坂トンネル付近の地すべり区間を克服するため，線路の下を梁構造として左右を連結した鉄筋コンクリート構造の土留擁壁を採用し[9]，内地に先駆けて鉄道構造物への適用を図った。

　1907（明治40）年には，国内で最初の鉄道用鉄筋コンクリート構造物として山陰本線米子～安来間に島田川暗渠が完成したが，これは**写真6.1**に示すように径間6フィート（1.83m）の半円アーチ構造の暗渠であった。山陰本線の工事記録によれば，「島田川暗渠ハ径間六呎ニ過キサル小建造物ナルモ，我国鉄道ニ於ケル鉄筋混凝土使用ノ鼻祖ニシテ，施工ノ結果他ノ材料ヲ用ユルヨリ安価ニシテ堅牢ナルノ成績ヲ得。」[10]とあり，以後，香住～鳥取間，米子～出雲市間のアーチ橋の大部分が鉄筋コンクリートにより施工されたと伝えられている。

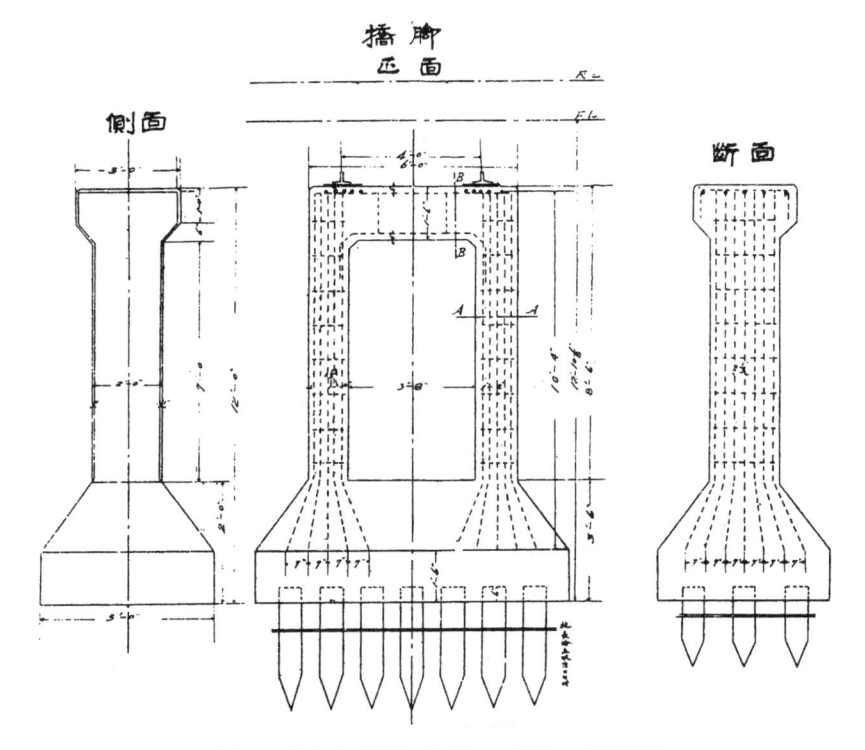

図6.1　昆布刈川橋梁（中判田～滝尾）の橋脚図面

写真6.2　浪太橋梁（浅海井～狩生）

　さらに明治40年代になると，房総各線，東京万世橋間市街線，宇野線，日豊本線などでも無筋または鉄筋のコンクリートアーチ橋が次々と建設されたほか，1910（明治43）年には信越本線直江津駅構内の給炭台が，小野諒兒の設計によって初めて鉄道用の鉄筋コンクリートラーメン構造物として完成した。ラーメン構造は，大正時代には橋脚にも適用されるようになり，1914（大正3）年，那波光雄の設計により豊肥本線・昆布刈川橋梁で図6.1に示す鉄筋コンクリート門形ラーメン橋脚が用いられた[11]。この工事では沿線に石材の産地が乏しく，また煉瓦は遠方から運搬しなければならないため，入手しやすい砂利や砂，セメント，火山灰などを利用してコンクリート構造物の適用の拡大が図られたとされる。

　このように，初期のコンクリート構造物は，まずアーチ構造物や橋梁下部構造，擁壁から導入が試みられたが，これらの構造物は上部からコンクリートを流し込むだけで比較的容易に施工することができたため，初期の段階で急速に施工例が広がったものと考えられる。しかし，一挙にコンクリート化が進んだわけではなく，一部の構造物では従来の煉瓦や石材と混用しながら，徐々にコンクリートへと置き換えられた。写真6.2に示す日豊本線・浪太橋梁は，アーチ部分のみを煉瓦とし，他の部分を場所打ちコンクリートとした例である。

6.2.3　鉄道分野における初期の鉄筋コンクリート造建築

　わが国の建築分野で最初に鉄筋コンクリート構造を採用したのは，1905（明治38）年頃に完成した佐世保第三船渠および付属建物で，設計は海軍省技師・真島健三郎により行われた。翌1906（明治39）年になると，白石直治（東京帝国大学教授，関西鉄道社長）の設計により神戸市和田岬に東京倉庫株式会社の2階建倉庫が鉄筋コンクリート構造で完成し，さらに1910（明治43）年には，遠藤於兎に

写真6.3　旧梅小路機関車庫（京都市下京区）

より横浜市に三井物産横浜支店一号館が鉄筋コンクリート4階建で完成して，煉瓦・石造建築と肩を並べる水準に達した。

　鉄道建築においても，1911（明治44）年に国府津機関車庫（扇形庫）がフランスから導入されたアンネビック（Hennebique）式鉄筋コンクリート工法により完成し，本格的な鉄筋コンクリート建築の第一歩を記した。以後，明治末期から大正初期にかけて，中央本線木曽福島駅，信越本線直江津駅，北陸本線敦賀駅，東海道本線品川駅，東海道本線梅小路駅などの構内に鉄筋コンクリート構造の扇形機関庫が次々と完成し，鉄筋コンクリート建築の時代を迎えることとなった。写真6.3は，1914（大正3）年に完成した鉄道院西部鉄道管理局技師・渡辺節設計の旧梅小路機関車庫（現・梅小路蒸気機関車館）で，柱・梁・床版構造によって，機能的で無駄のない空間を実現していることが理解できる。

　これに対して，駅本屋は大正時代になってからもしばらく煉瓦造の時代が続き，1914（大正3）年に完成した新橋駅（2代目）と東京駅で用いられたほか，1915（大正4）年に完成した横浜駅も煉瓦構造を採用した。また，変電所建築も，1914（大正3）年の京浜線電化の際に建設された永楽町変電所，原宿変電所，大井町変電所，川崎変電所は煉瓦造であった。しかし，それ以後の鉄道建築に煉瓦構造が全面的に採用された形跡はなく，1925（大正14）年に完成した新宿駅本屋以後は，鉄筋または鉄骨コンクリート構造が標準となった[12]。

6.3　セメント，コンクリートに関する技術基準の変遷

6.3.1　セメントに関する初期の品質管理基準

　わが国におけるセメント材料の技術基準は，1905（明治38）年2月10日付・農

商務省告示第35号「ポルトランド，セメント試験方法」が最初で，「第一条・定義」「第二条・粉末の程度」「第三条・凝結」「第四条・膨張性亀裂」「第五条・強度」「第六条・苦土及硫酸ノ定限」の6条により構成されていた。この試験法では冒頭に「政府ニ於テ需要スル『ポルトランド，セメント』ノ試験ハ，特ニ指定シタル場合ヲ除クノ外左ノ方法ニ依リ之ヲ行フ。」と規定しており，国の機関であった官設鉄道でもこれに基づいて同年・達第73号で同内容の通達を行った。農商務省告示第35号は，1909（明治42）年12月10日付・農商務省告示第485号で若干改正されたが，これに先立って鉄道院では1908（明治41）年7月2日付・達第360号で独自の改訂を実施し，「ポルトランド，セメント試験方法」として通達した。両者の条文はほぼ同一内容であるが，農商務省告示の耐伸強（引張強度）に比べて鉄道院は低い値を採用し，耐圧強（圧縮強度）の項は削除された。また，付則として「耐圧強ノ検定ニ付テハ，三十八年農商務省告示『ポルトランド，セメント』試験方法第四条ニヨリ施行スルコトアルヘシ。」とし，その適用を妨げなかった。

また，帝国鉄道庁時代の1907（明治40）年11月26日付「公報注意」で補足を行ったほか，1910（明治43）年4月2日付・達第262号で再び改正を行い，耐伸強の値が農商務省告示よりも大きくなったのをはじめ，耐圧強の項目も再度設けられた（強度は耐伸強と同様に農商務省告示よりも大きな値を採用した）。

6.3.2　鉄道用コンクリート構造物に関する初期の設計標準

鉄道用のコンクリート構造物に対する技術基準は，大河戸宗治により1909（明治42）年に提案された鉄筋コンクリート設計施工示方書案がその嚆矢とされているが，これは外国の示方書を参考に作成したものであった[13]。この案はさらに検討が加えられて1914（大正3）年7月14日付・達第684号「鉄筋混凝土橋梁設計心得」として正式に通達され，鉄道橋，公道橋，その他類似の構造物の設計に対して適用された。その構成は「第一章・総則」「第二章・荷重」「第三章・許容応力」「第四章・各部設計」「第五章・設計細目」「第六章・材料」「第七章・施工法」「第八章・模型及拱架」の全8章からなり，条文は125条におよんだ。

続いて，1916（大正5）年10月14日付・達第1007号「混凝土拱橋標準」が制定され，半卵形（のちに"ビリケン拱"とも）と称する独特の断面形状を持つ暗渠タイプの無筋コンクリートアーチ橋の標準設計が示された。径間は，6フィート（1.83m），8フィート（2.44m），10フィート（3.05m），12フィート（3.66m），15フィート（4.57m），18フィート（5.49m），20フィート（6.10m）の7種類が用意

写真6.4 太田川橋梁（東美浜〜美浜）

された。この標準設計を用いて完成した構造物は各地に散在し，**写真6.4**に示す小浜線・太田川橋梁をはじめ，私鉄のアーチ橋などにも用いられたようである。

さらに，1917（大正6）年6月1日付・達第486号で暗渠タイプの半円形コンクリートアーチ橋の設計図面が追加されたが，両者の適用区分は半卵形断面が施工基面からの土被りが5フィート〜20フィート（1.52m〜6.10m）の場合に適用されるのに対し，半円形断面は2フィート6インチ〜5フィート（0.76m〜1.52m）と土被りの浅い場合を想定していた。これらの標準設計は，従来，煉瓦が力学的に得意としていたアーチ構造に対してコンクリート材料を適用したもので，その図面にも「煉化石ヲ以テ拱橋ヲ築造スル場合ニハ，本図ニ示ス拱背面ヲ包括スル適宜ノ形状ヲ撰用スベシ。」との注釈がなされ，煉瓦の使用をも許容した内容となっていた。

6.3.3 鉄道用コンクリートに関する設計標準の整備

いわゆる函渠（ボックスカルバート）の設計標準は，1916（大正5）年11月11日付・達第1111号で通達された「鉄筋混凝土函渠標準」が最初で，ラーメン構造の函型断面による甲型（地盤が良好な場所に用いる1径間タイプ），乙型（地盤の不良な場所に用いる杭打基礎・1径間タイプ），丙型（地盤が良好な場所に用いる2径間タイプ），丁型（地盤の不良な場所に用いる杭打基礎・2径間タイプ）が示された。さらに，同年12月28日付・達第1305号「函渠用鉄筋混凝土蓋並混凝土側壁標準」が通達されたが，これは1対の橋台とフラットスラブからなる一種のコンクリート単版桁による函渠の標準設計で，径間3フィート（0.91m），4フィート（1.22m），6フィート（1.83m），8フィート（2.44m），10フィート（3.05m）の5種類が標準図として示された。これらの函渠はごく小規模な構造物に過ぎなかっ

たが、それまでのアーチ構造に決別し、直線により構成される柱・梁・床版構造へ脱却した初期のプラクティスとして特筆され、鉄筋コンクリートの力学的特性を発揮した新たな構造デザインを創造する出発点となった。

このほか、1916（大正5）年12月8日付・達第1215号「混凝土井筒定規」、1917（大正6）年3月20日付・達第200号「鉄道鈑桁並輾圧工形桁橋台及橋脚標準」、同年6月25日付・達第572号「停車場内地下道標準」、同年・設甲第58号「下路構桁用橋台橋脚参考図」、1919（大正8）年・設甲第76号「鉄筋混凝土管設計図」、同年6月12日付・達第541号「鉄道鈑桁並輾圧工形桁橋台及橋脚標準」、1920（大正9）年7月3日付・達第178号「動荷重ヲE40トセル鉄道鈑桁並輾圧工形桁橋台及橋脚標準」などの標準設計が次々と完成し、大正時代の半ばには従来の煉瓦・石造構造物に代わって構造部材としての地位を獲得するにいたった。

こうしたコンクリート構造物の施工時における示方書は、1917（大正6）年10月22日付・達第1060号「土工其ノ他工事示方書標準」で初めて統一されたものが示され、第22条「膠泥，混凝土工及畳築工」においてモルタル（膠泥），コンクリート（混凝土）について、構造物の種類や使用部位に応じた配合が示方された。

6.4 煉瓦からコンクリートへ

6.4.1 トンネルにおけるコンクリート

鉄道における土木構造物のコンクリート化は、施工が容易なアーチ橋や橋梁下部構造で試みられ、続いて土留壁、トンネルの側壁に適用され、最後にトンネルのアーチ部に用いられるにいたった。トンネルに対するコンクリート材料の導入が遅れた理由は、アーチ橋、橋梁下部構造、土留壁が、上部からコンクリートを流し込むことによって容易に打設を行うことができたのに対し、トンネルではとくにアーチ部において打設が困難であったため、後年までその一部を煉瓦などの組積造に頼らざるを得なかったものと考えられる。すなわちトンネルは、組積造構造物の"最後の砦"とも言うべき存在であった。ここでは、トンネルを対象として、煉瓦材料がどのように衰退したのかを具体的に明らかにしてみたい。

トンネルに対するコンクリート系材料の適用は、覆工背面の防水や空洞を充填するための裏込め材料として貧配合のモルタルを用いることから行われ、1893（明治26）年に完成した信越本線横川～軽井沢間のトンネル群にも適用された[14]。覆工そのものを場所打ちコンクリートとしたのは、1915（大正4）年～1917（大

第6章 煉瓦構造物の衰退　　175

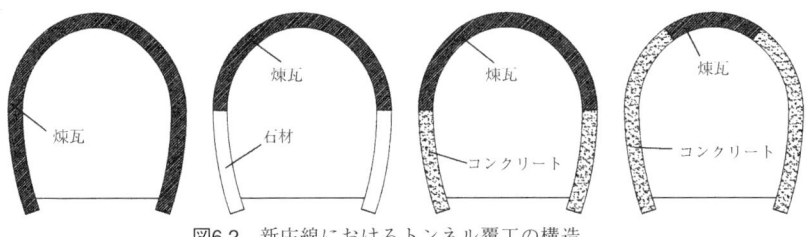

図6.2　新庄線におけるトンネル覆工の構造

正6)年にかけて工事が行われた内房線浜金谷～保田間・鋸山トンネルが最初であったとされるが[15]，それ以前に工事が行われた陸羽東線（小牛田～新庄間），陸羽西線（新庄～酒田間）では少なくとも1915（大正4）年の時点でいくつかのトンネルの側壁やアーチ下半部に場所打ちコンクリートを用いており[16]，明治末～大正初年頃にはトンネルに対しても部分的にコンクリートが適用されはじめていたようである。陸羽東線と陸羽西線はともに新庄線の建設線名称で1911（明治44）年に工事着手し，前者は1917（大正6）年，後者は1914（大正3）年に全通したが，トンネル覆工の材料としては，煉瓦，石材，場所打ちコンクリートの3種類が用いられた。図6.2は新庄線におけるトンネル覆工の構造を示したもので[17]，側壁とアーチで様々な材料の組合せが試みられたことが理解できる。また建設時の記録によれば，コンクリートの配合は，容積比で下記のように示方されていた[18]。

工事示方書

	セメント	砂	砂利または砕石	使用箇所
甲種	1	2	4	水中施工，湧水箇所，アーチ
乙種	1	3	6	側壁，坑門基礎

　なお，坑門に対するコンクリートの適用はごく一部のトンネルにとどまったが，その理由は，「是等坑門ノ材質ハ一般ニ煉化石又ハ粗石トシ，混凝土ハ其未タ充分硬固ナラサルニ先チ風雪ノ害ヲ蒙ムルノ嫌アリシヲ以テ成ルヘク之カ使用ヲ避ケ，僅ニ一二ノ個所ニ施シタルニ過キス……（以下略）」[19]というものであった。
　写真6.5はこうした過渡期に建設されたトンネルの例として小浜線・腰越トンネルを示したもので，覆工は側壁，アーチとも煉瓦巻であるが，坑門は場所打ちコンクリートとなっている。こうした材料の組合せは，同じトンネルでも区間によって変わる場合があり，とくに側壁部分は煉瓦と場所打ちコンクリート，石材を適宜組み合わせることが多い。また，先の新庄線もそうであるが，コンクリートの適用は，側壁部分のようにコンクリートを流し込みやすい部分から徐々にア

写真6.5　腰越トンネル（東美浜〜美浜）の坑門

ーチ部分へとおよぼされた。当時の文献ではアーチの頂部のみに部分的に煉瓦を用いた理由として、「唯、蒸気機関車の運転する鉄道用隧道にては、穹拱部の全体でなくとも線路中心より左右各6ft程度は、次の理由に依り表面に煉瓦を張るがよい。」[20] として、蒸気機関車の煤煙中に含まれる亜硫酸ガスとトンネルの滲水が反応して無水硫酸を生成し、コンクリートを劣化させるため、この部分に焼過煉瓦とアスファルトモルタル目地の組合せを用いるのがよいと説明した。

このほか、房総各線のトンネル工事では、コンクリートブロックや吹付けモルタル（グナイト：gunite）による覆工が試みられ[21]、セメント系材料の普及に貢献したが、このうち吹付けモルタルは、普及することなく終わった。また、山岳工法によるトンネルの覆工は、基本的に圧縮力で構造を維持するため、無筋コンクリート構造を原則としているが、伊東線・宇佐美トンネルなど強大な地圧が作用するいくつかのトンネルでは、部分的に鉄筋コンクリート構造が採用された[22]。

6.4.2　コンクリートブロックによる組積造への一時的回帰

初期の場所打ちコンクリートは、手作業による配合・打設が中心であったが、現場における経験もまだ浅く、品質管理や施工管理も十分ではなかった。とくに、トンネル覆工特有の内側からコンクリートを打設する方法では、型枠内にコンクリートを行き渡らせることが困難であったため覆工背面に空洞ができやすく、所要の巻厚を確保できないなど、構造部材としての信頼性が必ずしも高いとは言えなかった。このため、1919（大正8）年頃より品質も安定し、確実に巻厚を確保できるコンクリートブロックの使用が奨励され、昭和初期まで盛んに用いられた[23]。コンクリートブロックの利点としては、煉瓦と同様、事前に製造してストックすることが可能であること、施工時における湧水の影響を受けにくいこと、施工直

後の早期強度が期待できること，このため急速施工が可能であること，外気温の影響を受けにくいこと（とくに寒中コンクリートの場合），所定の巻厚を確実に確保できること，重さが6貫目（約22.5kg）程度と手頃であったこと，といった点があった。コンクリートブロックは，場所打ちコンクリートの打設が困難であったアーチ部に多用され，このため側壁や坑門を場所打ちコンクリート構造とし，アーチのみをコンクリートブロック積みとしたトンネルが数多く存在した。

　コンクリートブロックの適用状況を示す好例として，1918（大正7）年～1934（昭和9）年にかけて約17年間にわたって工事が続けられた東海道本線熱海～函南間の丹那トンネルを挙げることができる。丹那トンネルでは当初，側壁部を場所打ちコンクリート，アーチ部を煉瓦積みとし，湧水量の多い場所では側壁にコンクリートブロックが用いられた。その後，東工区は東坑口より2,554フィート（778.5m）に達した1922（大正11）年11月以降，西工区は西坑口より4,481フィート（1,365.8m）に達した1923（大正12）年3月以降，コンクリートブロックを採用しており，坑口付近にプラントを設置して製造が行われた[24]。

　丹那トンネルで製造されたコンクリートブロックの1個あたりの大きさは，9インチ（228.6mm）×6インチ（152.4mm）×12インチ（304.8mm）で，以後のトンネル工事ではこの寸法が標準的に用いられた。このほかにも"半ブロック"と称する9インチ×6インチ×6インチという寸法のブロックも用いられ，図6.3に示すように両者を組み合わせて使用することによって3インチ（76mm）間隔で巻厚を変化させることができた。これは煉瓦の巻厚に合わせてコンクリートブロックの巻厚も調整できるようにしたためで[25]，実際のコンクリートブロック構造のトンネルを調べると単線断面でアーチに2枚巻（約470mm）を用いる例が多いが，こ

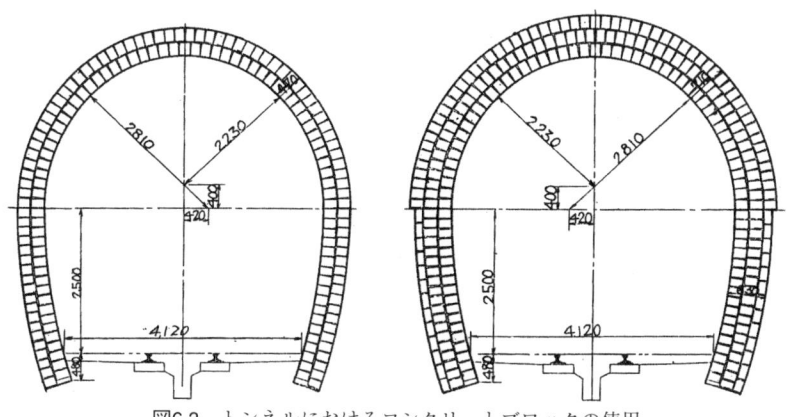

図6.3　トンネルにおけるコンクリートブロックの使用

れは煉瓦の標準巻厚である4枚巻に寸法を合わせたためと考えられる。また配合は，上越線湯檜曽～土樽間の清水トンネル（上り線）を例にとると，セメント：砂：砂利・砕石＝1：2：4（容積比）で，湧水箇所には珪酸白土を混合したものを用いたとされる[26]。

写真6.6は，すべてコンクリートブロック構造で施工された例として，高山線・細尾山トンネルを示したもので，このほかにもコンクリートの打設が困難であったアーチ上部のみをコンクリートブロック構造とした例がある。

その後，昭和10年代になるとコンクリートの施工技術も進歩し，コンクリートブロックは場所打ちコンクリートの打設が困難な寒冷地における冬季のトンネル工事や，早期強度を要する膨張性地山や活線改築のトンネルなどで若干用いられる程度で次第に姿を消してしまった。しかし，一部のトンネルでは戦後もしばらく用いられ，1952（昭和27）年～1953（昭和28）年に改築工事を行った根室本線・狩勝トンネルなどのいくつかの活線改築工事で，早期強度が期待できるコンクリートブロックの特徴が活かされた[27]。

こうしたコンクリートブロックの使用は，一部の橋梁下部構造などにも見られたが適用例は少なく，積極的に利用したのはトンネルのみであった。コンクリートブロックは，既製品としての扱いやすさとコンクリート製品としての強度を兼ね備えた材料として，組積造の時代とコンクリートの時代を橋渡しする役割を担ったと位置付けられるであろう。

6.4.3 構造用材料としての煉瓦の終焉

一般に，構造部材としての煉瓦は，関東大震災における被害をきっかけとして，急速にその姿を消したと言われている。基本的に圧縮力だけで構造系を維持する

写真6.6 細尾山トンネル（上麻生～飛水峡）の坑門

煉瓦構造物は，地震時に発生する引張力やせん断力には耐えられないとされたためで，「煉瓦は地震に弱い構造」という烙印を押されてしまったのである。これに代わる構造として一躍脚光を浴びたのが鉄筋コンクリート構造で，土木分野・建築分野を問わず急速に普及する契機となった。

こうした煉瓦・石積み構造からコンクリート構造への転換がいつ頃から始まったのかを把握するため，明治末〜大正時代にかけて工事が行われた，大分線（現・日豊本線柳ヶ浦〜大分間），佐伯線（現・日豊本線大分〜佐伯間），日豊北線（現・日豊本線佐伯〜延岡間），日豊南線（現・日豊本線延岡〜佐土原間），宮崎線（現・日豊本線宮崎〜都城間および吉都線都城〜吉松間）の建設当初における構造物（トンネルおよび延長100フィート（30.48m）以上の橋梁）について，各路線の使用材料を当時の工事記録に基づいて再整理すると表6.1のように示される[28]。これによれば，1908（明治41）年〜1911（明治44）年にかけて工事が行われた大分線では煉瓦・石積み構造であるが，1911（明治44）年〜1916（大正5）年にかけて工事が行われた宮崎線と1912（明治45）年〜1916（大正5）年にかけて工事が行われた佐伯線ではコンクリート構造が混じりはじめ，1917（大正6）年〜1921（大正10）年にかけて工事が行われた日豊南線と1917（大正6）年〜1923（大正12）年にかけて工事が行われた日豊北線ではほとんどがコンクリート構造となっていることがわかる。このことから，鉄道分野では1916（大正5）年前後を境として急速に煉瓦・石積み構造からコンクリート構造への転換が行われたものと考えられる。その理由は明確でないが，先述のようにコンクリート構造物の設計基準がこの前後に集中して完成したことや，「土工其ノ他工事示方書標準」が1917（大正6）年に制定されたことなど，技術基準類の整備がコンクリート構造物の普及に大きな影響をおよぼしたものと判断される。

1923（大正12）年に発生した関東大震災は，浅草の陵雲閣の倒壊に象徴されるように，煉瓦構造物に対する耐震性に大きな疑問を投げかける契機となった。震災の翌年に発表された東福寺正雄の論文はこれを代表するもので[29]，建築材料選択の標準として最も耐震性に優れているのは鉄材であり，鉄筋コンクリートがこれに次ぐとし，さらに火災のおそれが少ない場所では木材も優れた建築材料であるとした。そして石造および煉瓦造は強固な地盤上の低層建築のみに用いられる構造と位置付け，剛性は他の材料と遜色ないが，自重が重く靱性に乏しいことや，引張力やせん断力に対して極めて貧弱な強度しか持たないことを指摘し，耐震補強対策として扶壁（バットレス）によって水平力を支持すべきであるとした。こうした論調に対して煉瓦業界からは多くの反対意見が出され[30]，目地に用いるセ

表6.1 日豊本線における材料の使用状況

線名	工区	区間 起点方駅	区間 終点方駅	工事期間（1908年〜1923年）	使用材料 橋梁下部構	使用材料 トンネル（アーチ）	使用材料 トンネル（側壁）
大分線	第1工区	柳ケ浦	宇佐		煉瓦,石積	煉瓦,石積	
	第2工区	宇佐	立石		石積	煉瓦	
	第3工区	立石	中山香		石積		
	第4工区	中山香	杵築		石積		
	第5工区	杵築	日出		石積	煉瓦,石積	
	第6工区	日出	別府		石積	煉瓦,石積	
	第8工区	西大分	大分		石積		
佐伯線	第1工区	大分	鶴崎		煉瓦,石積		
	第2工区	鶴崎	幸崎		煉瓦,石積		
	第3工区	幸崎	下ノ江			煉瓦	煉瓦,C
	第4工区	下ノ江	杵築		煉瓦	煉瓦	煉瓦,C
	第5工区	臼杵	津久見		煉瓦	煉瓦	煉瓦
	第6工区	津久見	日代		C	煉瓦	煉瓦,C
	第7工区	日代	浅海井			煉瓦	煉瓦
	第8工区	浅海井	佐伯			煉瓦	煉瓦,C
日豊北線	第1工区	佐伯	直見		C	C B	石積,C
	第2工区	直見	神原		C	C B	C,C B
	第3工区	神原	重岡		C	C B	石積,C,C B
	第4工区	重岡	重岡			C B	石積,割石積,C
	第5工区	重岡	宗太郎			C B	野面石練積,石積,C
	第6工区	宗太郎	市棚		C	C B	石積,割石積,C
	第7工区	市棚	市棚			C B	C
	第8工区	市棚	日向長井			C B	C
	第9工区	日向長井	延岡			C B	C
日豊南線	第7工区	延岡	土々呂		C		
	第6工区	土々呂	富高		C,割石張C		
	第5工区	富高	岩脇		C		
	第4工区	岩脇	美々津			C	
	第3工区	美々津	都濃		C,割石張C	C	
	第2工区	都濃	高鍋		C,割石張C		
	第1工区	高鍋	広瀬		C		
宮崎線	第14工区	宮崎	清武		煉瓦,石積	煉瓦	
	第13工区	清武	田野		石積,C		
	第12工区	田野	青井岳		石積,C		
	第11工区	青井岳	青井岳		石積,C	煉瓦,石積	
	第10工区	青井岳	青井岳		煉瓦,石積,C	煉瓦,石積	
	第9工区	青井岳	山之口		煉瓦,石積	煉瓦	
	第8工区	山之口	都城		煉瓦,石積,C	煉瓦	
	第7工区	都城	谷頭		煉瓦,石積		
	第6工区	谷頭	高田新田		石積		
	第2工区	飯野	加久藤		石積		
	第1工区	加久藤	吉松		石積		

※路線名は、建設線名称。広瀬〜宮崎間は、宮崎県営鉄道買収路線のため、本表に含まず
※駅間は必ずしも工区境ではなく、目安として最寄駅を示す
※C：コンクリート、CB：コンクリートブロック
※大分線・日豊南線、宮崎線のトンネルは、アーチと側壁の区別がなされていない
※橋梁は、橋台面間長100フィート(30.5m)以上のみを対象とした
※大分線第7工区,宮崎線第3〜5工区は該当構造物なし

メントの品質管理を行えば耐震性に問題はないとし，現に東京駅など煉瓦・石造の大建築で被害を受けなかった例も数多く，鉄筋コンクリート建築はまだ施工例が少なかったために煉瓦建築の被害が目立っただけと反論したが[31]，大勢を占めるにはいたらなかった。また，より耐震性に優れた煉瓦構造の開発も行われ，西尾九三による函型煉瓦や[32]，金森誠之による鉄筋煉瓦桁などがあったが[33]，いずれも普及することなく終わり，煉瓦は土木・建築の主要材料の座をコンクリート

第6章 煉瓦構造物の衰退　*181*

に明け渡すこととなった。

　しかし，こうした情勢にもかかわらず，実際の鉄道構造物では関東大震災以後も煉瓦がわずかながら用いられており，震災直後の1924（大正13）年に着工，1925（大正14）年に開通した写真6.7の東海道本線・品濃トンネルは，坑門と側壁が場所打ちコンクリートで，アーチ部分に煉瓦が用いられたが，震源の近傍で耐震性に問題があると指摘された煉瓦構造を採用した理由は，先述の煤煙対策を考慮したためなのかもしれない。このほか，1926（大正15）年に開業した室蘭本線・旧伏古別トンネル（下り線）は，側壁のみが場所打ちコンクリートで，アーチ部分と坑門は煉瓦であった。このあたりが国有鉄道における"最も新しい"煉瓦構造物のようで，それ以後に構造部材として煉瓦材料が用いられた形跡はない。また，私鉄における例として1933（昭和8）年に完成した東京郊外鉄道（現・京王電鉄井の頭線）・渋谷トンネルは，図6.4に示すように側壁と路盤を鉄筋コンクリート構造とし，アーチ部分を煉瓦5枚巻としたが，このトンネルは土被りの浅い市街地を貫いており，早期強度を期待できる煉瓦をあえて用いたものと推定される[34]。また，煉瓦も普通煉瓦ではなく，八幡製鉄所製の鉱滓煉瓦と呼ばれる特殊なもので，「該煉瓦は関東方面に於ては当社の使用を以て嚆矢とし，吸水量の極めて少ないのと，硬質にして色彩の調和宜しき等の理由によって，比較的良好な結果を得たと信ずる。」[35]という理由で採用された。

　このように，鉄道における煉瓦構造は，関東大震災以前に構造部材としての地位をコンクリート構造に譲っており，関東大震災を契機として煉瓦構造が衰退したとする通説は，必ずしもあてはまらないと考えられる。このことは，村松貞次郎によって明らかにされた赤煉瓦の生産高の推移においてもうかがい知ることができ[36]，1919（大正8）年における5億3,924万個をピークとして急激な減少に転じ

写真6.7　品濃トンネル（保土ヶ谷〜東戸塚）の坑門

ていることから，関東大震災が発生する以前から煉瓦の凋落傾向が始まっていたことは明らかである．以後，1921（大正10）年に3億1,577万個，1929（昭和4）年に2億1,648万個と，わずか10年間で半分以下の生産量に落ち込んでしまい，往年の勢いを再び取り戻すことはなかった．鉄道工事において煉瓦が使われなくなった理由は，耐震性よりもむしろひとつひとつの煉瓦を手作業で積み上げなければならない煩雑さや，このためコンクリートのような機械化施工ができないといった煉瓦固有の問題に起因するものと考えられ，強度のみならず施工能率や工事費，工期といった点でもコンクリートに太刀打ちができなくなってしまったものと考えられる．

6.5 デザインに残る組積造の記憶

6.5.1 "擬似組積造構造物"の登場

土木構造物の材料が煉瓦・石材からコンクリートへと移行する過程において，単に構造部材の材質が代わったのみならず，そのデザイン自体も素材の性質に合わせて大きな変貌を遂げることとなった．煉瓦や石材など組積造のデザインは個々の部材を積木細工のように積層させることによって構成され，これを利用することで独特のテクスチュアや立体感を演出していた．これに対して，鉄筋コンクリート構造が得意とする柱・梁・床版構造は，より平板で薄肉のデザインを生

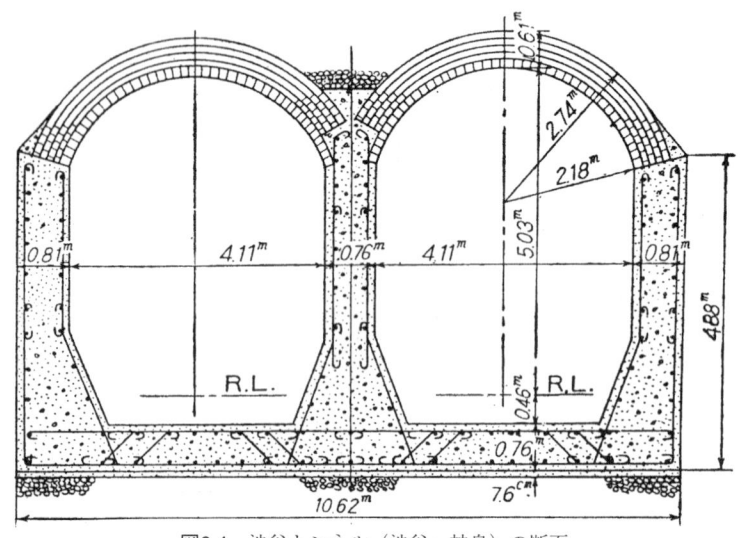

図6.4 渋谷トンネル（渋谷〜神泉）の断面

むこととなり，複雑なディテールの装飾は次第に省略されて，いわゆるコンクリート打放しに代表される無装飾な仕上げが一般的となった。

しかし，初期のコンクリート構造物を調査すると，打放し仕上げに混じって組積造そのものの姿を身にまとって登場したものや，組積造のデザインをそのまま踏襲したものを見出すことができる。いわば換骨奪胎によってできた"擬似組積造構造物"とも言うべきこれらの構造物群は，組積造からコンクリート構造へと移行する過程で登場した過渡的なデザインとして位置付けられる。

6.5.2 "擬似組積造構造物"の例

"擬似組積造構造物"の代表的な例としては，1915（大正4）年に着手し，1919（大正8）年に竣工した中央本線の東京万世橋間市街線の例を挙げることができる。この高架橋群は，わが国最初の鉄筋コンクリート構造による高架橋として建設されたもので，鉄筋コンクリートアーチ橋と単版桁を基本とし，一部でラーメン構造を採用するなど，その後の鉄道高架橋の基本となる要素技術が用いられた[37]。このうち，アーチ構造による高架橋区間は，**図6.5**，**写真6.8**に示すように西側および橋台に面した高架橋の表面を化粧煉瓦張りで仕上げ，先に完成した新永間市街線の高架橋との景観上の整合性が図られた[38]。さらに単純桁による柱・梁構造の区間にも化粧煉瓦が施されたほか，**写真6.9**に示すラーメン高架橋区間でも小口積みによる化粧煉瓦張りが行われた[39]。これに対して東側は，**写真6.10**に示すようにコンクリート仕上げのままとされた。

また，**図6.6**に示す東京～神田間の外濠橋梁は，阿部美樹志により設計された径間125フィート（38.10m）のメラン式鉄筋コンクリートアーチ橋で，その外側

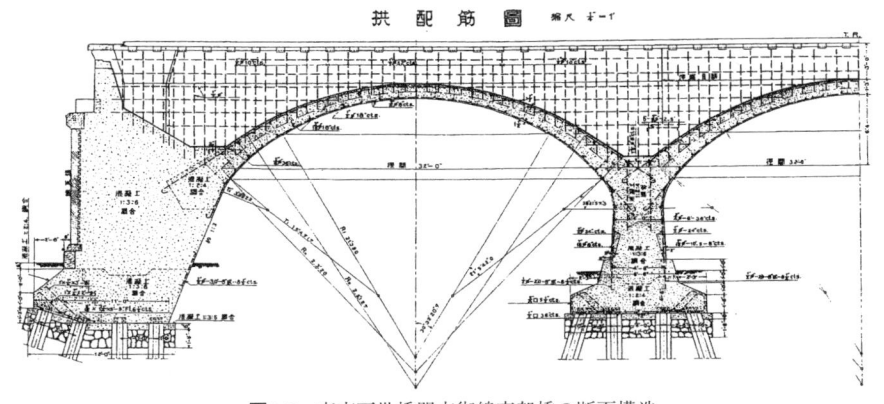

図6.5　東京万世橋間市街線高架橋の断面構造

写真6.8　黒門町橋高架橋（神田〜御茶ノ水）

写真6.9　西今川町橋高架橋(東京〜神田)のラーメン構造

写真6.10　第二小柳町橋高架橋（神田〜御茶ノ水）のコンクリート仕上げ

は迫石と要石を持つ石積み（花崗岩）で覆われ，高欄や親柱などを含めてヨーロッパの石造アーチ橋を彷彿とさせるなど，実用性が重視される鉄道橋梁としては異例とも言うべきデザインが採用された[40]。

　続いて1920（大正9）年〜1925（大正14）年にかけて工事が行われた東京上野間高架線では，鉄筋コンクリート単版桁や鉄筋コンクリートラーメン構造の積極的な導入が図られ，アーチ構造は既設線の線路増設区間として建設された黒門町橋高架橋以南のみとなった。また，表面を化粧煉瓦または石材により装飾したのはこのアーチ橋区間のみで，東松下橋高架橋以北では一部の高架橋の表面にモルタルを塗ったほかはコンクリート仕上げのままとした。工事記録ではその理由として「第一，第二工区内即ち黒門町橋以南は，煉瓦及石材を用ひて装飾を施したるも其の為め多額の費用と時日を要するを以て，装飾は必要に応じ他日施すこと、し，工費を節約して線路の延長を謀るを急務と認め，東松下橋以北に於ては

第 6 章 煉瓦構造物の衰退

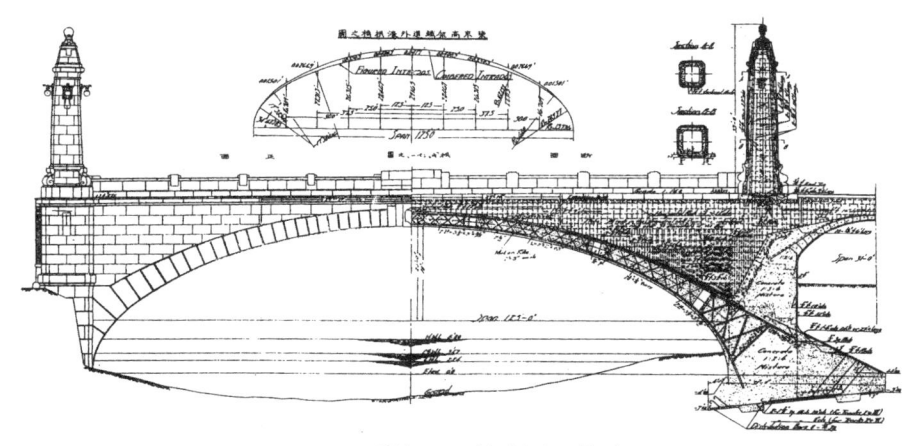

図6.6 外濠アーチ橋（東京〜神田）

写真6.11 桑原川橋梁（函南〜三島）

一切化粧工事を省略せり。」[41]と述べ，経済性の観点から装飾を省略したことを明らかにした。また，黒門町橋高架橋以南のアーチ橋を煉瓦で仕上げたのは，すでに西側を化粧煉瓦で仕上げていた東京万世橋間市街線との景観上の整合性を図るためと判断される。そのほか，大河戸宗治の設計により神田〜秋葉原間に建設された径間108フィート（32.92m）の神田川橋梁は，表面を「疑石塗装飾（原文表記のまま）」[42]とし，石材や煉瓦は用いられなかった。しかし，その外観は中央に要石を据えており，部分的とはいえ組積造の名残りをとどめたものとなった。同様の例は，都市景観を強く意識したと思われる市街地の構造物のみならず，各地の構造物にも散見することができ，写真6.11に示す東海道本線・桑原川橋梁は，内部をコンクリート構造，表面を石張りとした例である。

(イ)

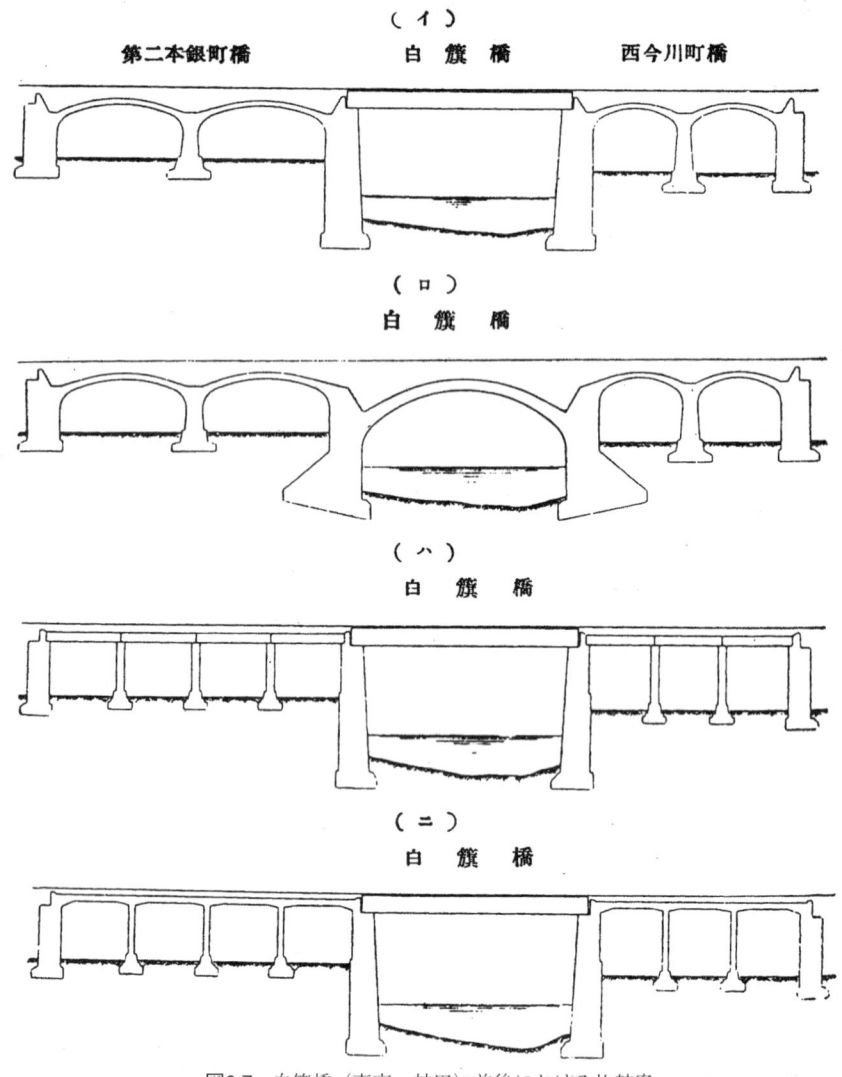

第二本銀町橋　　　　白籏橋　　　　西今川町橋

(ロ)

白　籏　橋

(ハ)

白　籏　橋

(ニ)

白　籏　橋

図6.7　白籏橋（東京〜神田）前後における比較案

6.5.3　アーチ構造へのこだわり

　このように，組積造に用いられていたデザインの残滓が，アーチ構造物に顕著に見られる点は，とくに注目すべきである．土木構造物のデザインは，基本的にその素材の力学的性質によって大きく支配され，鉄筋コンクリートの導入により柱・梁・床版構造が実現することによって新たな造形が誕生した．図6.7は，東

京万世橋間市街線のうち，白籏橋前後における高架橋の構造を決めるために検討された当時の比較案を示したもので，この図はまたアーチ構造（イ案およびロ案）から単純桁構造（ハ案），ラーメン構造（ニ案）へと進化する過程を模式的に表現したものとなっている。白籏橋では，最終的に"ニ案"のラーメン高架橋案が採用されたが，**写真6.9**にも示したように，表面は化粧煉瓦張りが施された。こうした従来の組積造構造物には存在しなかった新しいタイプの造形が鉄筋コンクリート技術の進歩によって登場すると同時に，組積造によるデザインもその根拠を見失うこととなり，それ以後のラーメン高架橋に化粧煉瓦が用いられることはなかった。

一方，迫石や要石で象徴されるアーチ構造に対しては，コンクリートの時代になってからもしばらく組積造を模した装飾を施すことが行われ，コンクリートの表面に迫石模様のレリーフなどが施された。わが国最初の鉄道用鉄筋コンクリート構造物であった島田川橋梁も，**写真6.1**で示したようにスパンドレルには迫石と要石を模したレリーフが施された。こうしたディテールにこだわったのが阿部美樹志で，1936（昭和11）年に完成した**写真6.12**に示す阪神急行電鉄（現・阪急電鉄）神戸線・灘拱橋のように，大径間の鉄筋コンクリートアーチ橋に対して迫石や布積みを模したデザインが施された。阿部は，1926（大正15）年に完成した阪神急行電鉄・梅田高架橋でも，ラーメン高架橋の一部に擬石塗りや化粧タイルによる装飾を施しており，コンクリートの表面をそのままさらけ出すことに対して抵抗感を抱いていたのかもしれない[43]。

写真6.12 竣工時の灘拱橋（王子公園〜春日野道）

6.6 まとめ

　本章では，煉瓦構造物の衰退過程について，当時の記録や実際の構造物の調査結果から考察を行い，コンクリートへの移行が突如として行われたのではなく，アーチ橋や橋梁下部構造のような施工の容易な構造物や，トンネルの坑門，側壁部分などから段階的に適用されていたことを明らかにした。

　鉄道分野におけるセメント材料は，1872（明治5）年に開業した京浜間の鉄道工事で導入されて以来，煉瓦の目地や均しコンクリート，基礎の中埋めやトンネル覆工の裏込材料として用いられていたが，1907（明治40）年の島田川橋梁で躯体材料として全面的に採用されてからは煉瓦・石材に代わる構造材料として発展を遂げるにいたった。しかし，土木構造物におけるその普及状況は必ずしも一様ではなく，コンクリートを容易に打設することができる橋梁下部構造や，開削工法によるアーチ構造物から徐々に適用が試みられた。これに対して，トンネル覆工におけるコンクリート構造の導入は困難を極め，施工が比較的容易な覆工側壁や坑門などは比較的早い時期にコンクリートとなったが，上向きにコンクリートを打設することが難しかったアーチ部分は最後まで組積造に頼らざるを得なかった。このため過渡期のトンネルでは，アーチやアーチの迫め部（最後にコンクリートを打設する部分）のみを煉瓦積みとしたり，組積造とコンクリートの中間的な材料であるコンクリートブロックを用いるといった様々な工夫がなされるにいたった。とくにコンクリートブロックは，組積造と場所打ちコンクリートの時代を橋渡しする材料として重要な役割を果たし，施工管理が難しい場所打ちコンクリートの欠点を補っていた。こうした鉄道分野におけるセメント系材料の普及は，他の分野をリードする形で積極的に展開され，セメント材料の試験方法や，コンクリート構造物の標準設計の確立など，多くの技術的成果をもたらすこととなった。

　一方，明治30年代末に導入された鉄筋コンクリート構造は，圧縮力に依存するアーチ構造から引張力やせん断力をも考慮した柱・梁・床版構造への転換を意味し，それとともに構造物のデザインも大きく変化した。しかし，一部のコンクリート構造物では，組積造構造物をモチーフとした造形が用いられるにいたった。しかし，こうしたデザインも，鉄筋コンクリート構造物の普及とともに廃れ，一切の装飾的要素を廃した無表情なデザイン——建築におけるインターナショナルスタイル——の時代へと突入することとなるのである。

　なお，今回の調査結果から，煉瓦は関東大震災を契機として衰退したのではな

く，実際にはそれ以前からコンクリート化が進行していたことが明らかとなった。その要因としては，耐震性に劣るという強度的な問題もさることながら，鉄道分野では比較的早い時期にコンクリートに関する技術基準の整備が行われたこと，施工能率の低さから経済的にもコンクリートが有利になったことなどが煉瓦の衰退をもたらしたと考えられる。こうしたことから，煉瓦・石積みによる構造物は大正時代以前のもの，コンクリートによる構造物は明治時代末期以降のものと判断して間違いないと考えられ，これは鉄道構造物の年代判定を行ううえでの大まかな指標となり得るであろう。

[第6章 註]
1) 堀勇良『日本における鉄筋コンクリート建築成立過程の構造技術史的研究』東京大学学位請求論文，1981
2) 碇聯鉄構法は，帯鉄や鉄棒，鉄網などを煉瓦と煉瓦の間に挟み込んで煉瓦壁を補強する耐震補強法の一種で，明治初期にフランス人建築家レスカス（Lescasse, Jules）やイギリス人技師ブラントンらによって導入され，妻木頼黄の設計に関わる諸建築で多用された
3) 防火床構造は，短径間のI型鋼の梁の間にヴォールト状に煉瓦または生子板を架け，煉瓦屑コンクリートや軽量コンクリートを打設した床構造。鉄筋コンクリート床構造が普及するまで，主として明治期の建築で用いられた
4) 堀越三郎「明治建築資料その儘（II）」『日本建築士』Vol.10, No.2, 1932, p.87
5) ポッター著，原田勝正訳「日本における鉄道建設」『汎交通』Vol.68, No.10, 1968, p.9（原著は，Potter, W.F. "Railway work in Japan", *Min. of Proc. of I.C.E.*, Vol.56, Sect. II, 1878-1879）
6) 例えば，1875（明治8）年2月13日付「一．ポルトランドセメント壹萬桶倫敦江注文届并達」など。同文書は交通博物館所蔵，『鉄道寮事務簿・巻二十八（器械之部）』に収録されている
7) 『鉄道技術発達史・第二篇（施設）III』日本国有鉄道，1959, p.1709による
8) 前掲7），p.1709による
9) 『台湾鉄道史・中巻（未定稿）』台湾総督府鉄道部，1911, pp.177～179，杉浦宗三郎『長谷川謹介伝』長谷川博士伝編纂会，1937, p.82による。なお，のちの回顧談によれば長谷川はコンクリートの採用に消極的であったとの証言もあり，那波光雄がコンクリートによる橋梁下部構造を進言したところ（セメントが信用できないため）反対されたというエピソードが残されている（『国鉄の回顧——先輩の体験談——』日本国有鉄道，1952, p.198による）
10) 『山陰線建設概要』鉄道院米子建設事務所，1912, p.53
11) 那波光雄「鉄道院佐伯線外二線に於ける混凝土の応用」『工学会誌』No.373, 1914参照
12) 新宿駅本屋は1922（大正11）年10月に鉄筋コンクリート造2階建として着工し，関東大震災の発生時点ですでに9割方が完成していた。したがって，鉄道建築分野における煉瓦構造は，関東大震災以前の段階ですでに終焉を迎えていたと判断される
13) 前掲7）p.1718による

14) 渡邊信四郎「碓氷嶺鉄道建築畧歴」『帝国鉄道協会会報』Vol.9, No.5, 1908, p.501による
15) 前掲7) p.1493による
16) 例えば，八田嘉明「隧道内ニ於ケル混凝土工事ニ就テ」『土木学会誌』Vol.1, No.4, 1915など
17) 東日本旅客鉄道仙台構造物検査センター所蔵図面などによる
18) 八田嘉明「新庄線隧道工事」『土木学会誌』Vol.1, No.6, 1915, p.2235
19) 前掲18) p.2224
20) 瀧山與『隧道工学』常磐書房，1931, pp.59〜60
21) 鉄道省建設局工事課「隧道工事にセメントガン覆工の応用」『業務研究資料』Vol.12, No.2, 1924, pp.97〜120による
22) 『伊東線宇佐美隧道工事誌』鉄道省熱海建設事務所，1939, pp.28〜30による
23) 前掲7) p.1493では，「その後の房総線のずい道にはさかんに生コンクリート（場所打ち）を用いたが，大正8年大村建設局長時代に施工の不確実をきらって生コンクリート（場所打ち）を全面的に信用するに至らず，6in×9in×12in（公定）のブロックを使用することとなった。」とあり，意識的にコンクリートブロックの使用を推奨していたことがわかる
24) 『丹那隧道工事誌』鉄道省熱海建設事務所，1936, p.207による。なお，前掲20) p.60によれば，「丹那の両坑口に近い部分の穹拱に煉瓦を使用してあるのは，電化計画のなかった当時のことなれば，煤煙瓦斯に備へたのである。」としており，やはり煤煙によるコンクリートの劣化を懸念して煉瓦を用いていた
25) 前掲7) p.1493による
26) 『上越線水上石打間工事誌（第二巻）』鉄道省東京建設事務所,長岡建設事務所,東京電気事務所，1933, pp.316〜317による
27) 例えば，田中嘉雄「根室本線狩勝・新内間狩勝ずい道」『第22回土木工事施工研究会記録』日本国有鉄道施設局，1954など
28) 『大分線建設概要』鉄道院大分建設事務所，1911,『佐伯線建設概要』鉄道院大分建設事務所，1917,『日豊北線建設概要』鉄道省大分建設事務所，1924,『日豊南線建設工事一覧』鉄道省宮崎建設事務所，1922,『宮崎線建設工事一覧』鉄道院宮崎建設事務所，1917に基づき筆者作成
29) 東福寺正雄「建築物ノ耐震ニ就テ」『土木学会誌』Vol.9, No.5-6, 1923
30) 例えば，矢野寛治「建築煉瓦に就て」『大日本窯業協会雑誌』No.381, 1924など
31) ＫＡ生「煉瓦と鉄筋コンクリート」『大日本窯業協会雑誌』No.419, 1927参照
32) 西尾九三「函型煉瓦に就て」『大日本窯業協会雑誌』No.377, 1924参照
33) 金森誠之「鉄筋煉瓦桁に就て」『土木学会誌』Vol.11, No.1, 1925参照
34) 「渋谷附近線路及工事方法変更ノ件（昭和7年9月7日付・監第2550号）」所載の東京郊外鉄道作成「工事方法書」には「渋谷隧道ハ別紙設計図ニ示ス如ク側壁ハ鉄筋『コンクリート』配合一，二，四，ノ構造トナシ穹拱ハ煉化石積ヲ以テ施行ス（原文のまま）」とあるのみで，煉瓦を使用した理由については触れていない。同文書は，『鉄道省文書・小田原急行鉄道（元帝都電鉄，東京郊外鉄道）2』（国立公文書館所蔵）に収録されている
35) 林為蔵，赤岡兵三郎「着々進工し開通間際にある東京郊外鉄道渋谷吉祥寺線」『土木建築工事画報』Vol.9, No.2, 1933, p.31。なお，鉱滓煉瓦とは，鉱滓を粉砕して，

生石灰，水を混ぜて整形し，空気中または高圧蒸気で硬化させた煉瓦の代用材で，大きさなどは普通煉瓦に準じているが灰色をしている。したがって，材料学的には異なるが施工方法などは普通煉瓦と同じである。八幡製鉄所では，1907（明治40）年から高炉スラグの副産物として鉱滓煉瓦の製造を開始し，主として北九州，山口県西部地方で用いられ，鉄道構造物でも使用された

36) 村松貞次郎「日本建築近代化過程の技術史的研究」『東京大学生産技術研究所報告』Vol.10, No.7, 1961, p.325による
37) 『市街高架線東京萬世橋間建設紀要』鉄道省東京改良事務所，1920, p.12では，架道橋を除いて鉄筋コンクリートアーチ高架橋とする基本方針を決定し，設計に着手したのは1915（大正4）年1月としている。また神田停車場構内は地質が軟弱であったため，不同沈下にも対応できる鉄筋コンクリート単版桁の高架橋が採用されたほか，同pp.76～77によれば白旗橋前後の西今川町橋高架橋と第二本銀町橋高架橋は，コンクリート容積を減らすことができ，かつ強度に優れた鉄筋コンクリートラーメン構造が採用された
38) 前掲37) p.13によれば，「各拱橋及び混凝土版桁の西側表面は煉瓦を畳積し，東側は第三線以下の工事を引続き施工し，之と連絡すべきに依り混凝土築造の儘とす。橋台及橋脚も亦鉄筋混凝土にして，其各隅石，根石，中段均し石，桁承石，等枢要箇処は花崗石を用ひ，橋台全面道路面する部分は煉瓦を畳築し，或は張煉瓦を使用す。」とある
39) 煉瓦などの組積造は，本来，力学的に柱・梁構造にそぐわない材料であるが，こうした力学的必然性が乏しい構造に対してあえて化粧煉瓦を施したという事実は，それ以上にコンクリートの打放し仕上げが都市景観へおよぼす影響を配慮したためではないかと推察される
40) 前掲37) p.13によれば，「外濠橋は其両側面拱環及拱腹とも花崗石を以て畳積し，石造高欄を附し，尚四隅には六呎角の石材及混凝土造り高塔を樹立し，外観を装飾す。」とある
41) 前掲37) p.15
42) 前掲37) p.21
43) 阿部美樹志とコンクリート構造物については，小野田滋「阿部美樹志とわが国における黎明期の鉄道高架橋」『土木史研究』No.21，2001参照

第7章

煉瓦構造物の保存

7.1 はじめに

　わが国の鉄道で煉瓦が用いられた時代は明治初期から大正時代に限られるが，幹線鉄道網の骨格はこの時期に形成されたため，北海道から九州にいたる全国各地に数多くの煉瓦構造物が建設されることとなった。これらは，電化にともなうトンネルの断面改築や河川改修にともなう橋梁の架け換えといった改良工事，地震や斜面崩壊といった自然災害，構造物そのものの老朽化など，様々な要因によって失われたものも数多い。

　鉄道で供用されている最も古い煉瓦構造物は，1874（明治7）年に開業した東海道本線・大阪～神戸間に現存し，すでに130年におよぶ歳月を重ねている。続いて1877（明治10）年に全通した東海道本線・京都～大阪間の路線にも多くの煉瓦構造物が現存しており，開業当時とは比較にならない大量の鉄道輸送を支え続けている。こうした古い構造物を保守管理していると，「そんなに古い構造物を使い続けていて大丈夫なのか？」「煉瓦構造物の寿命はどのくらいなのか？」という質問をしばしば受けるが，煉瓦構造物の存在は，的確な設計，的確な施工，的確な保守管理という3条件が揃っている限り，100年以上の使用に十分耐えうることを証明しており，土木構造物の寿命が経年だけでは単純に判断できないことを示している。そして，この3条件のどれかに問題があるか，使われている条件が当初の想定よりも過酷であった場合は，数年前に多発したトンネル覆工コンクリートの剥落事故のように，わずか数十年でも危うくなってしまうのである。

　鉄道に限らず，土木構造物の多くは社会基盤施設として，人々の生活を底辺で支えている。このため，その役割が損なわれることによって市民生活に大きな影響が出ないように，維持管理には多大な努力が払われている。ことに，主要なインフラがほぼ整備され，新たな設備投資が抑制されている現今の状況下では，既存設備のメンテナンスやリニューアルに関する技術が重要視されつつある。また

近年では，こうした歴史的構造物を日本の近代化を支えてきた遺産としてとらえ，地域のランドマークや観光資源として保存・活用しようとする試みが各地で行われつつある。しかし，煉瓦構造物の現状やその検査・保存・補修の考え方などは十分に体系化されておらず，そのノウハウに関する蓄積も乏しい。こうした現状を踏まえ，本章では，鉄道として現在も供用されている煉瓦構造物の保存と，文化財としての煉瓦構造物の保存について代表的事例を紹介し，その問題点や今後の課題について，考えてみることとしたい。

7.2 鉄道における煉瓦構造物の保守管理

7.2.1 鉄道構造物の保守管理と煉瓦構造物

　鉄道構造物全体に占める煉瓦構造物の数量についてまとまった統計はないが，1994（平成6）年に調査したJRグループにおける鉄道トンネルの統計を例にとると，総延長の約14%（約300km）が煉瓦，石積み，コンクリートブロックなどの組積造であったとされているので[1]，少なくとも10%前後の構造物は今も煉瓦造であると推定される。とくに，（当然のことながら）明治期に建設された路線では，煉瓦構造物の比率が多くなり，たとえば東海道本線・大阪～神戸間，京都～大阪間における1894（明治27）年以前に建設された構造物の残存状況は**表7.1**に示す通りで[2]，用途廃止された構造物を含めて大阪～神戸間の約41%，京都～大阪間の約65%に何らかの形でオリジナルの構造が残されている。**写真7.1**は，そ

表7.1 阪神間、京阪間の構造物残存状況（箇所数）

区　　間		アーチ橋		桁橋（下部構造）	
		建設時	現　在	建設時	現　在
京都～大阪	京　都～向日町	18	7	7	5
	向日町～山　崎	11	9	8	3
	山　崎～高　槻	16	16	8	3
	高　槻～茨　木	19	19	7	5
	茨　木～吹　田	9	8	5	2
	吹　田～大　阪	5	2	10	1
	合計	78	61	45	19
大阪～神戸	大　阪～神崎（尼崎）	—	—	18	1
	神崎（尼崎）～西ノ宮	3	3	14	12
	西ノ宮～住　吉	7	3	18	9
	住　吉～三ノ宮	5	2	10	2
	三ノ宮～神　戸	—	—	4	0
	合計	15	8	64	24

※後年に改築されたと思われるものを一部に含む

第7章　煉瓦構造物の保存　195

写真7.1　老ヶ辻橋梁（長岡京〜山崎）

のうちのひとつである老ケ辻橋梁を示したもので，老朽化などの変状はほとんど見られず，建設時の姿を今なおとどめている。

　鉄道分野における構造物の保守管理は，鉄道の開業と同時に始まったが，明治時代にはすでにいくつかの現場で保守管理上の問題が発生し，その補強・補修方法に対する取り組みが行われていた。1899（明治32）年に野澤房敬は，「鉄道ノ保線」と題して「開渠」「函渠」「拱橋」「橋台及橋脚」「橋桁」「隧道」について，設計・施工上の注意事項，保守管理方法を解説し，たとえば「拱橋」（アーチ橋）では，「拱橋ハ煉化石ヲ用ユレハ霜雪ノ為メ障害ヲ受ケ，又ハ水分ヲ吸収シ為メニ崩壊スルヲ以テ可成石造トナスヲ可トス。然ラザレバ外部ニ露出セル拱輪ハ，総テ焼過煉化石トスベシ。（原文のまま）」[3]と述べ，焼過煉瓦の使用を推奨した。また，1903（明治36）年，京都帝国大学・奥平清貞は卒業論文のテーマとして『隧道修繕工事』[4]を選び，地圧や凍害で変状を生じた煉瓦構造のトンネルについて，「日本鉄道鳥越隧道」「官設鉄道北陸本線倶利伽羅隧道」「官設鉄道東海道本線牧ノ原隧道」「北海道官設鉄道釧路線古瀬隧道」の実例を挙げながら報告した。一方，鉄道院総裁官房研究所・長屋修吉は[5]，1916（大正5）年から1917（大正6）年にかけて煉瓦構造物に発生した白色針状の結晶物に関する化学分析を行っており，これらの風化物が外観を損ねるのみならず表面剥離の原因になることを指摘したうえで，風化物の析出を防ぐための防水方法などについて言及した。このほか，那波光雄は[6]，1920（大正9）年に自らが1895（明治28）年に建設を担当した関西本線・揖斐川橋梁下部構造の追跡調査を報告し，その変状や沈下量，列車通過時の振動（振動の測定は東京帝国大学・大森房吉によるもの）などについて考察した。このように，明治時代に建設された鉄道構造物のいくつかは，すでに明治末から大正時代にかけて何らかの変状をきたしていたが，検査や補強・補修の

具体的な手法について体系化がなされるにはいたらなかった。なお，1923（大正12）年の関東大震災では，鉄道の煉瓦構造物も多大な被害を被り，その被害状況や復旧方法について詳細な報告書が作成されたが，とくに煉瓦構造に注目した考察はなされなかった[7]。

太平洋戦争が終結すると，国有鉄道では戦争で疲弊した鉄道施設の実態調査を行い，戦災復興計画に反映させたが，その過程で土木構造物の保守管理を組織的に行う必要性が認識され，1949（昭和24）年，本社施設局に土木課が新設された。そして，1956（昭和31）年には保守管理のためのマニュアルとして「建造物保守心得（案）」がまとめられ，検査の考え方や，その判断，措置などが体系化されるとともに，保守台帳や管理図面の整備が推進された。さらに昭和40年代には，保線区の中に検査助役が配置され，その下に構造物の検査を専門に行う技術者グループが誕生した。この組織はさらに拡大されて1972（昭和47）年には各鉄道管理局に構造物検査センターが新設され，保線区から独立して専門的立場から構造物の検査・診断を行う体制が整えられた。また，検査機器の整備やマニュアル化も進み，1974（昭和49）年には土木学会に委託して「土木建造物の取替標準」[8]がまとめられ，検査結果に基づく変状ランクの分類や，構造物の補強・補修，取替えの基本的な考え方が示された。

こうした鉄道構造物の保守管理体制の整備と併行して煉瓦構造物に対する工学的アプローチも行われ，強度試験や模型実験，クラックの非破壊検査法などが試みられた。また，発生が懸念される東海沖地震に対する鉄道構造物の耐震対策を検討する中でも，煉瓦構造物の各種試験が実施された。これらの成果は，1987（昭和62）年に『レンガ・石積み・無筋コンクリート構造物の補修，補強の手引き』[9]として集大成された。

7.2.2 鉄道構造物の保守管理基準と煉瓦

1987（昭和62）年に行われた国鉄の民営・分割化によってその事業を継承したJRグループでは，鉄道総合技術研究所が中心となって鉄道構造物ごとの保守管理マニュアルを順次まとめてきたが，これらは国鉄時代に作成された「土木建造物の取替標準」をベースとしたものであった。

鉄道構造物の検査は，すべての構造物を定期的に検査する全般検査と[10]，特定の変状現象に対してより詳細な検査を行う個別検査とに分けられる。個別検査は，全般検査でさらに進行の監視が必要であると判断された場合に行われ，計測機器などを用いたより詳細な測定・監視を実施する。そして，個別検査で何らかの対

表7.2 鉄道構造物における健全度判定区分の基本的考え方

判定区分		構造物の状態
A	AA	運転保守，旅客および公衆などの安全を脅かす主機能にかかわる変状または欠陥があり，運転保安上，旅客および公衆などの安全上，直ちに取替，使用停止など何らかの措置を必要とするもの
	A_1	①変状または欠陥があり，それらが進行して構造物の機能を低下させつつあるもの ②大雨，出水，地震等により構造物の機能を失うおそれのあるもの ③前2項の変状または欠陥で運転保安，旅客および公衆などの安全確保のためまたは正常運行確保のため，早急に措置を要するもの
	A_2	進行している変状または欠陥があり，将来それが構造物の機能を低下させ，運転保安，旅客および公衆などの安全ならびに正常運行確保を脅かすおそれがあるため措置を要するもの
B		変状または欠陥があり，将来Aランクになるおそれのあるもので，必要に応じて措置するもの
C		軽微な変状または欠陥で，進行の停止もしくは再発のおそれのないことが確認できないもの，あるいは環境条件の影響を受けやすいもの
S		健全なもの

策工が必要と判断された場合は，補強・補修工事を行って構造物の延命を図ることとなる。また，対策工の実施後も継続して監視を行い，対策工の効果が確認される。

現行の鉄道構造物の健全度判定区分は，**表7.2**に示すように区分されており，何らかの措置を必要とするAランク，監視を継続し必要に応じて措置するBランク，重点的に検査を行うCランク，安全と判断され個別検査の必要がないSランクに区分され，Aランクはさらに AA, A_1, A_2 の3ランクに分かれている。この健全度判定区分は各構造物に共通しているが，煉瓦・石積み構造物固有の判断基準の例としては，アーチ橋と橋梁下部構造に関する**表7.3**に示すような判定例が示されており[11]，目地切れや目地やせといった組積造構造物特有の変状現象がポイントとなっている。

こうした構造物に対する保守管理の考え方は，近年の補強・補修技術の進歩や阪神淡路大震災の被害，トンネル覆工コンクリート剥落事故の反省などを踏まえ，その内容も逐次更新されて現在にいたっている。また，現場における検査手法も，これまでは経験豊富なベテランがひとつひとつの構造物を自分の目で確かめながら検査を行っていたが，こうした技能者がしだいに減少するなかで，より合理的な検査手法の開発がなされつつある。すでにトンネルでは，スリットカメラやラインセンサカメラ，地中レーダー，熱赤外線などを用いた検査システムが各鉄道会社で実用化されており，より効率的な検査が行われている[12]。

検査によって補強・補修が必要と判断された構造物は，変状現象や変状原因に

表7.3 煉瓦造の橋台・橋脚，アーチ橋における健全度判定区分の判定例

種類	部位	着目点	判定の例	判定
橋台・橋脚	桁座 ・床石	・床石が動いているか ・目地切れ部に水が湿潤しており，進行性があるか ・床石が前に傾斜していないか	・床石が動き，前にずれが生じている ・床石の下の煉瓦が圧潰あるいははらんでいる ・床石の下の煉瓦が欠落している ・床石の目地切れが深く，多数生じている	A A A A
橋台・橋脚	胸壁 ・まくらぎ下 ・桁の接触	・まくらぎ下煉瓦に目地切れ欠損があるか ・あおりがあるか ・胸壁下端部に目地切れがあるか	（胸壁上端部） ・煉瓦が欠損し，大きく軌道に影響がある ・目地切れが多数ある場合 （胸壁下端部） ・胸壁下端部に目地切れがあり，切断するおそれがある ・胸壁下端部に目地切れがある	A,AA B A B
橋台・橋脚	躯体 ・躯体全般	・目地切れ欠損があるか ・目地切れが深いか ・前面にはらみがあるか	・目地切れが深く多数ある ・大きな欠損箇所がある ・橋台前面にはらみがあり，進行性である ・目地切れが多数ある ・橋台前面にはらみがある	A A A B B
アーチ橋	アーチ部	・柱つけ根部に水平方向の目地切れがあるか ・線路方向に目地切れがあるか ・煉瓦の欠落があるか ・煉瓦にゆるみがあるか ・漏水があるか ・火災にあっているか	・クラウン部に水平方向の目地切れが多数発生している ・アーチの水平方向の目地切れが多数発生している ・アーチ部の煉瓦が多数欠落している ・煉瓦にゆるみが多数ある ・線路方向に目地切れが多数発生している ・目地切れが多数発生している ・漏水がある ・火災のため煉瓦の表面が欠落している	A A A A B B C C
アーチ橋	柱部	・上部に水平の目地切れがあるか ・煉瓦の欠落があるか ・くい違いがあるか	・上部に水平方向の目地切れが多数発生している ・くい違いが大きく，目地切れが多数ある ・鉛直方向に目地切れが多数発生している ・目地切れが多数発生している ・くい違いがある	A A A C B,C

応じた対策工が実施される。対策工は，構造物の耐力の強化を目的とする補強工と，構造物の機能を維持するために行われる補修工に大別される。一般に，補強工は外力が加わることによって生じる変状を抑止するために行われ，このため工事規模も大きくなり，力学的な検討も必要となる。変形したトンネルやアーチ橋に対してその内側にコンクリートや鋼製支保工を巻く内巻工法は，その代表的な例である。また，補修工は，漏水や凍害，煙害，材料劣化にともなって発生したクラックや剥離などに対して適用されるもので，目地やクラックのポインチングや，剥落防止のあて板，金網などはその代表例である。こうした対策工は，変状原因そのものを除去する根治療法的対策工と，変状現象のみを修復する対症療法的対策工に分けられるが，理想的には原因にさかのぼって補強・補修を行う前者が望ましい。

　一方，煉瓦構造物を保守管理するうえで，その強度や耐久性を定量的に把握することは重要なポイントのひとつであるが，解析のパラメータとなる物理常数（圧縮強度，引張強度，弾性係数，ポアソン比など）はまだ十分に把握されているとは言いがたい。単体としての煉瓦の強度は，JIS（R 1250）で試験方法が規定されていて容易にその値を知ることができるが，躯体としての強度や目地の評価などは難しく，物理試験の値を無批判に入力して常識外れの答えを出してしまったり，実際の現象と異なる計算結果が出てその解釈に苦慮することもしばしばある。鉄道構造物を対象とした煉瓦の物理的性質に関する研究は，昭和30年代から行われていたが[13]，近年ではより大きな供試体を用いた破壊試験を実施したり[14]，数値解析や模型実験を行いながら実際の変状メカニズムを解明することが試みられており[15]，より精度の高い評価が可能となりつつある。またイギリスでは，実物のアーチ橋を用いて載荷試験を行った例がある[16]。

7.2.3　煉瓦構造物の補強・補修事例

　ここでは，供用中の鉄道用煉瓦構造物を補強・補修した事例として，東京～浜松町間の新永間市街線高架橋（近年では東京高架橋と総称している）に対してこれまで行われた主な補強・補修工事を紹介してみたい。

（1）新永間市街線高架橋の沿革

　新永間市街線は，1.3.2でも述べたように，1889（明治22）年に東京市区改正設計で決定した新橋～上野間を結ぶ東京市内縦貫鉄道のうち，浜松町付近と中央停車場終端の間を結ぶもので，1900（明治33）年9月に工事に着手し，1909（明治42）年には浜松町～烏森（現・新橋）間が区間開業し，1914（大正3）年12月の

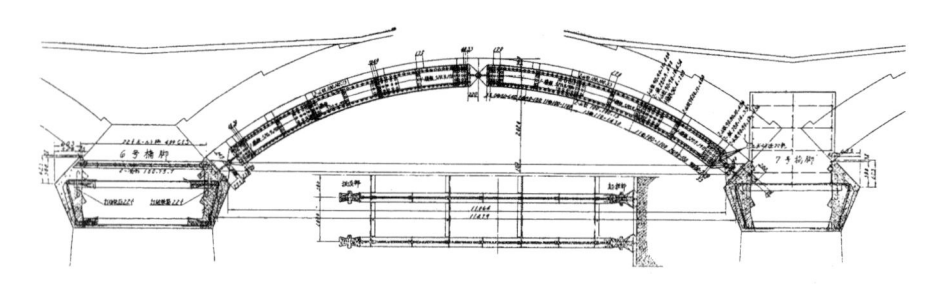

図7.1 3ヒンジ鋼アーチセントル補強

東京駅開業により全線が完成した。施工延長は3.97kmにおよび，このうち高架橋区間の延長は2.79kmであった。

　高架橋の構造は径間8.0mまたは径間12.0mの欠円断面による煉瓦アーチを多径間で連続させることを基本とし，道路との交差部には有道床式のプレートガーダーを用いた。この高架鉄道は，本格的な高架鉄道としてはわが国で最初の試みであったため，モデルとなったベルリン市内高架鉄道の経験があるドイツよりバルツァー（Baltzer, Franz）を招聘し，その設計指導を受けた。また，鉄道局新永間建築事務所長として1897（明治30）年以降，岡田竹五郎がその任にあたり，工事全般を指揮した。なお，この煉瓦高架橋は，完成後の1923（大正12）年に発生した関東大震災の洗礼を受けたが，火災による煉瓦表面の剥落程度の被害しか受けず，煉瓦構造物が地震に耐えうることを証明する論拠としても引用されるほどであった[17]。

(2) 3ヒンジ鋼アーチセントルによる補強

　新永間市街線高架橋のうち旧日比谷入江に位置する有楽町付近は，沖積層が厚く堆積し，圧密沈下を受けやすい地盤条件であったが，地下水位の低下とともに1933（昭和8）年頃より地盤沈下が徐々に進行し，翌年には急激に増大するにいたった。この不等沈下により，山下橋架道橋から幸橋架道橋にかけてのアーチ部分にクラックが発生したため，1935（昭和10）年～1936（昭和11）年にかけてセントル補強工が行われた[18]。セントルは，図7.1に示すような3ヒンジ鋼アーチで構成され，これに荷重を伝達させるために煉瓦アーチとセントルの間に円形のコンクリートブロックが挿入され，さらにその隙間をコンクリートで充填した。施工にあたっては，鉄筋コンクリートによる内巻補強工との比較が行われたが，地盤に対する負担を軽減するため軽量であること，補強後も内部空間を有効に利用できること，変形に対する追従性があること，狭隘なスペースで容易に施工できることなどから，鋼アーチセントル補強が採用された。**写真7.2**は，このセント

写真7.2 鋼アーチセントル補強の現況

ル補強の現況を示したものであるが，補強後すでに70年近くを経過して，今や煉瓦高架橋と一体となった歴史的景観を形成している。

(3) プレパックドコンクリートによる内巻補強

　有楽町付近の高架橋は，1949（昭和24）年頃より再び地盤沈下による変動が見られ，クラックの進行なども観察されるようになったため，1951（昭和26）年より地質調査や地下水位調査，揚水試験，杭の引抜・載荷試験などの測定が実施された。その結果，補強が必要と判断された第一有楽町橋と内幸町橋に対して内巻補強が実施された[19]。内巻は，レールセントルを型枠とし，厚さ15cmのプレパックドコンクリート（あらかじめ粗骨材のみを型枠内に充填し，グラウト注入を行って硬化させるもので，無筋構造）でアーチを巻くという方法が採用され，セントルの基礎は鉄筋コンクリート構造とした。この工法が採用された理由は，1936（昭和11）年に行った鋼アーチセントル補強では新旧構造の隙間や亀裂からの漏水を完全に防止することができなかったためで，アーチ部の沈下収縮や乾燥収縮が少なく，付着強度が高いという利点があった。また，プレパックドコンクリート自体の施工例も少なかったため，その試験施工も兼ねていた。工事は，1952（昭和27）年8月〜1965（昭和30）年3月にかけて実施された。

(4) 鉄筋コンクリートラーメンによる内巻補強

　昭和30年代になると，煉瓦高架橋に交差あるいは近接して地下鉄工事が行われるようになり，また地盤沈下も引き続き進行したため，鉄筋コンクリートによる内巻補強工が実施された。この施工法が最初に適用されたのは1956（昭和31）年〜1958（昭和33）年にかけて施工された営団地下鉄丸ノ内線横断工事で，第四有楽町橋の直下に地下鉄を通すため，煉瓦アーチ橋3径間を撤去してPC桁×2径間に改築し，その前後の橋台部分のアーチ橋に対して内巻補強がなされた[20]。同様の

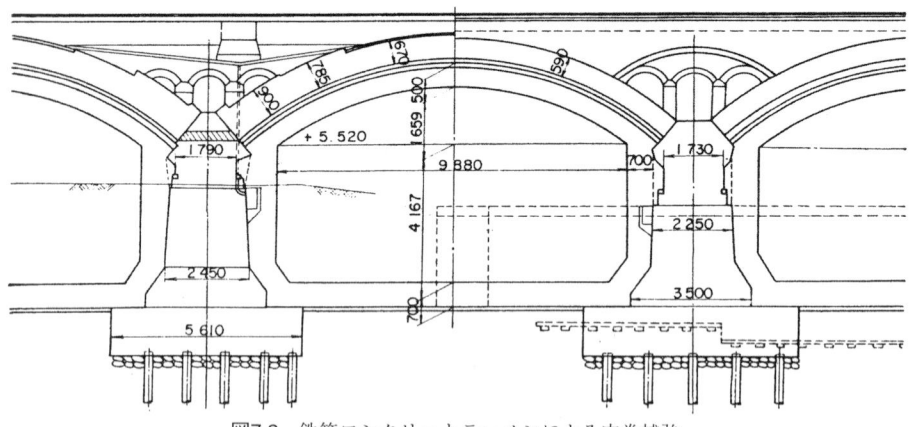

図7.2 鉄筋コンクリートラーメンによる内巻補強

補強方法は，東海道線東京〜新橋間・有楽町トンネル（シールド工法）の近接工事にあたって1970（昭和45）年〜1971（昭和46）年にかけて実施され，第二有楽町高架橋から内幸町高架橋の40径間に対して厚さ50〜70cmの鉄筋コンクリートによる内巻補強が実施された[21]。これらの工事は，いずれも図7.2に示すように路盤部をストラットで閉合して一種のボックスラーメン構造としたもので，近接工事による変形を防ぎ，地盤沈下にも効果のある補強方法として選択された。この施工法は，耐震性にも優れているため，2000（平成12）年〜2001（平成13）年にかけて行われた耐震補強工事でも6径間に対して実施され，アーチ内部の店舗利用を考慮して巻厚を40cmと薄くしたうえで適用された[22]。

(5) 煉瓦高架橋の修景

先述のように，新永間市街線高架橋は，その機能を維持するために補強工事を重ねて現在の姿となったが，高架下の空間は飲食店，事務所，倉庫，映画館，車庫など多目的に利用されており，看板や電飾，電線などが無秩序に添架されていた。このため1989（平成元）年，管理者である東日本旅客鉄道では学識経験者などからなる「高架橋美化委員会」（中村良夫委員長）を設置し，景観の回復について検討を行った[23]。その結果，歴史的構造物としての煉瓦高架橋を前提として「本物の良さを引き出し，落ち着いた清潔感あふれる高架橋に修復美化する」という方針のもとに，高架橋壁面の清掃，高架橋の漏水防止，内巻補強の迫持部分の修景，橋側歩道・電線類の整備，看板・ダクト・シャッター類の整備，電柱・橋側歩道の塗色変更などが実施された。工事は，1989（平成元）年〜1990（平成2）年にかけて行われ，写真7.3に示すようにスパンドレルに施された普通煉瓦と

写真7.3　修景された高架橋

焼過煉瓦を使った模様などが明瞭になり，往時の美しい姿を現代に甦らせた。

7.3 近代化遺産と煉瓦構造物

7.3.1 近代化遺産の沿革

　近年，煉瓦造などの歴史的土木・建築構造物を近代化遺産として捉え，積極的な利活用を図りながら保存しようとする動きが活発化しつつある。これまでの文化財保存は，現状の維持と修復に主眼が置かれていたが，移設が困難な土木構造物にあっては，現位置で保存・維持を図りながらこれを観光資源として活用しようとする点に特色がある。役割を終えた煉瓦構造物に再び光を与え，観光資源としてこれを甦らせることは，新たな旅行需要の喚起や地域社会の活性化につながるのみならず，総合学習，生涯学習，技術史教育といった観点からも重要な意義を持っている。

　日本国有鉄道では，1957（昭和32）年7月1日付・総裁達第215号で鉄道記念物を指定し，他分野に先駆けて近代化に貢献した記念物の指定に乗り出した。そして，1958（昭和33）年10月14日付・総裁達第525号「鉄道記念物等保護規定」を定めたほか，1963（昭和38）年には，準鉄道記念物も指定されるようになった。規定はその後，何度か改正され，1974（昭和49）年10月18日付・総文達第17号「鉄道記念物等保護基準規定」となった。

　「鉄道記念物等保護基準規定」では，鉄道記念物を「地上施設その他の建造物，車両，古文書等で，歴史的文化価値の高いもの。」「制服，作業用具，看板その他の物件で，諸制度の推移を理解するために欠くことのできないもの。」「国鉄における諸施設の発祥となった地点，国鉄に関係のある伝承地，鉄道の発達に貢献し

た故人の遺跡（墓碑を含む）等で，歴史的価値のあるもの。」，また準鉄道記念物を「鉄道記念物に指定されたものと同種のもの。」「現在歴史的価値は認められないが，将来その価値が生じて，鉄道記念物に指定するにふさわしいもの。」「鉄道記念物に指定するに至らないもので，地方的にみて歴史的文化価値の高いもの。」と定義し，建造物や車両のみならず，古文書や墓碑なども対象としていた。また，その活用については，「『活用』とは，鉄道記念物及び準鉄道記念物を一般に公開し，又は絵はがき，スタンプ，記念切手等の図案に提供する等文化的活用を図ることをいう。」と規定していた。そして，これまでに35件の鉄道記念物と49件の準鉄道記念物が指定された。鉄道記念物・準鉄道記念物制度は，特定の組織が明治以降の文化遺産を積極的に保存しようとした先駆的な試みとして高く評価することができるが，1987（昭和62）年の民営化後は準鉄道記念物2件が追加されたのみで途絶えてしまっている。

　一方，学会レベルでの近代化遺産の実態調査は，1962（昭和37）年に日本建築学会に「明治建築小委員会」（村松貞次郎主査）が設けられ，明治期の建築に関する調査が開始されたことにさかのぼることができる。さらに，1974（昭和49）年には「大正昭和戦前建築調査小委員会」（村松貞次郎主査）が設けられ，戦前の近代建築の悉皆調査が引き続き行われた。こうした成果は，「全国明治洋風建築リスト」[24]，『日本近代建築総覧』[25]として集大成された。また，土木学会では，1991（平成3）年～1993（平成5）年にかけて馬場俊介によって中部5県（愛知県，岐阜県，三重県，静岡県，長野県）を対象とした近代土木遺産調査が開始され[26]，その成果をベースとして1993（平成5）年より近代土木遺産の全国調査が本格的に開始された。この調査は，土木学会に「土木史研究委員会近代土木遺産調査小委員会」（新谷洋二委員長）を設置して行われ，その成果は『日本の近代土木遺産』[27]として集大成された。

　こうしたなかで，国の文化財行政を司る文化庁でも，幕末期以降の西洋文明がもたらした土木・建築構造物を「近代化遺産」と総称し，「近代的手法によって造られた建造物（各種の構築物，工作物を含む）で，産業・交通・土木に関わるもの。」と定義した。具体的な例としては，「造船所や鉱山・製鉄所・製糸工場・煉瓦製造工場・ビールやワインの醸造工場などの産業関係，駅舎・機関庫・橋梁・トンネル・軌道などの鉄道施設，道路橋・灯台・船舶などの交通関係，護岸・埠頭・防波堤などの港湾施設，灌漑用水・運河・閘門・ダム発電所施設・上下水道などの土木関係」がその対象として挙げられ，国の重要文化財としては，1993（平成5）年8月17日付・文部省告示第106号で碓氷峠鉄道施設（群馬県松井

田町）と藤倉水源地（秋田市）が第1回の指定を受けた。しかし，従来の文化財制度は保存に対する制約が多く，また一度に指定できる件数も限られるため，1996（平成8）年には登録有形文化財制度が新たに発足し，保存対象物の利活用を考慮したよりゆるやかな保護施策が開始された。登録文化財制度では，竣工後50年以上を経過した土木・建築構造物をその対象としており，「国土の歴史的景観に寄与しているもの」「造形の規範となっているもの」「再現することが容易でないもの」という評価基準に基づいて文化財の登録が行われている。この制度は，事前に届け出ることによって改造や外観の変更も可能であり，構造物の利活用にもフレキシブルに対応できるのが特徴である[28]。

7.3.2 近代化遺産の意義とその保存

先述のように，近代化遺産の保存は，単に古い構造物を保存するだけではなく，供用中の構造物を保守・管理するという行為を通じて，先人たちの業績や技術の歴史に親しみ，地域の活性化につなげることができる点に特徴がある。とくに鉄道の近代化遺産は，土木，建築，機械，電気，通信といった技術史的な観点はもとより，鉄道の敷設や運営に関わった先人の足跡を調べたり，地域の振興や産業の発展に果たしてきた鉄道の役割を調べるなど，人文学的観点からもアプローチできる題材である。本書でとりあげた煉瓦も，煉瓦の積み方や，構造物のデザインという技術史的観点だけではなく，煉瓦の生産に関わった人物や煉瓦の生産システム，煉瓦の流通経路，煉瓦にまつわる人々の思い出など，多角的な捉え方が可能である。

また，近代化遺産を所有する（あるいは所有していた）企業側にとっては，日本の近代化に貢献してきた自らの存在意義を再認識し，企業文化のシンボルとしてPRできるというメリットがある。さらにこれを利活用することによって地域の活性化にも寄与することができ，近代化遺産の保存を通じて企業イメージの向上を図ることができる。ことに鉄道事業者にとっては，こうした近代化遺産を観光資源として集客につなげることができ，1972（昭和47）年に開場した梅小路蒸気機関車館（京都市下京区）のように，1914（大正3）年竣工の扇形機関庫と歴史的な蒸気機関車が一体となって整備され，活用している事例がある。さらに近年では，「産業観光」[29]や「ヘリテージ・ツーリズム」[30]といった産業遺産と観光を結びつけた概念も提案されており，隣接する近代化遺産に周遊性を持たせることによって相乗効果を発揮することが期待されている。

近代化遺産としての煉瓦構造物の保存・活用については，すでに建築分野でい

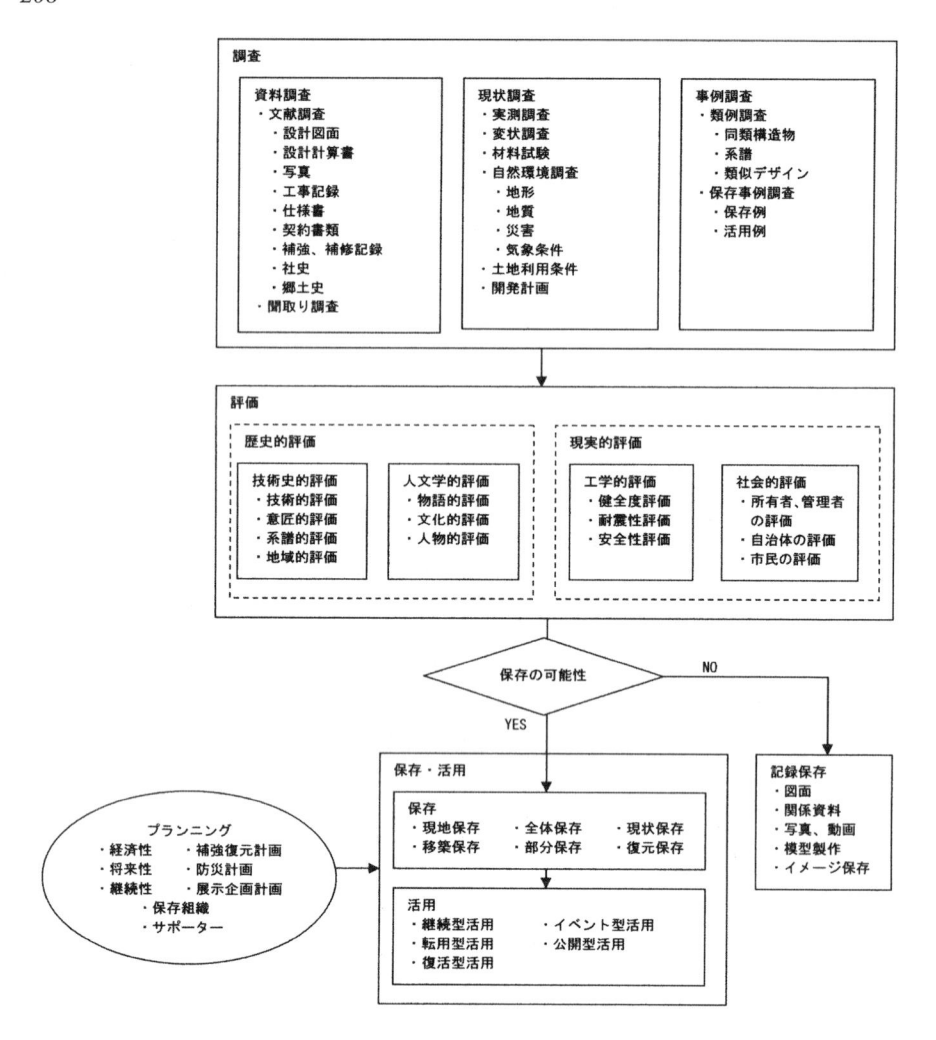

```
調査
┌─────────────┬─────────────┬─────────────┐
│ 資料調査    │ 現状調査    │ 事例調査    │
│ ・文献調査  │ ・実測調査  │ ・類例調査  │
│  ・設計図面 │ ・変状調査  │   ・同類構造物│
│  ・設計計算書│ ・材料試験  │   ・系譜    │
│  ・写真     │ ・自然環境調査│ ・類似デザイン│
│  ・工事記録 │  ・地形     │ ・保存事例調査│
│  ・仕様書   │  ・地質     │   ・保存例  │
│  ・契約書類 │  ・災害     │   ・活用例  │
│  ・補強,補修記録│ ・気象条件 │           │
│  ・社史     │ ・土地利用条件│           │
│  ・郷土史   │ ・開発計画  │           │
│ ・聞取り調査│             │           │
└─────────────┴─────────────┴─────────────┘
```

評価
- 歴史的評価
  - 技術史的評価：技術的評価、意匠的評価、系譜的評価、地域的評価
  - 人文学的評価：物語的評価、文化的評価、人物的評価
- 現実的評価
  - 工学的評価：健全度評価、耐震性評価、安全性評価
  - 社会的評価：所有者,管理者の評価、自治体の評価、市民の評価

保存の可能性 — NO → 記録保存（図面・関係資料・写真,動画・模型製作・イメージ保存）

YES ↓

プランニング
- 経済性
- 将来性
- 継続性
- 補強復元計画
- 防災計画
- 展示企画計画
- 保存組織
- サポーター

保存・活用
- 保存：現地保存・全体保存・現状保存・移築保存・部分保存・復元保存
- 活用：継続型活用・イベント型活用・転用型活用・公開型活用・復活型活用

図7.3　近代化遺産保存のフロー

くつかの先例があり，倉敷紡績工場跡地を再利用した倉敷アイビー・スクエア（岡山県倉敷市），旧日本銀行京都支店を博物館として再利用した京都文化博物館別館（京都市中京区），旧海軍兵器廠魚形水雷庫を改装した舞鶴市立赤れんが博物館（京都府舞鶴市），横浜市による新港埠頭赤煉瓦倉庫を中心とした再開発（横浜市中区）など，着実にその実績を積み重ねつつある。また，舞鶴市のように，煉瓦構造物をまちづくりのなかで活かし，煉瓦をテーマとした地域の活性化につなげている例もあるほか，煉瓦建築の保存技術についても，東京国立文化財

研究所や[31]，矢谷明也らの研究事例があり[32]，その蓄積も豊富である。

これに対して，土木構造物の場合は，近代化遺産の調査自体が建築分野より遅れてスタートしたため，まだ利活用につなげた事例は少ない。このため保存技術も，先述のように供用中の煉瓦構造物についてはある程度の蓄積があるが，文化財の保存についてはほとんど経験がないのが実情である。とくに補強については，薄肉の壁体で構成される建築物に比べ，土木構造物の多くはマッシブで複雑な構造を持つため，その設計・施工方法も独自の工夫が必要である。

図7.3は，こうした近代化遺産を保存するためのプロセスを，フローチャートとして示したもので，基本的に「調査」「評価」「保存・活用」の3段階に分けられる。調査段階では，評価を行うための資料調査，現状調査，類似構造物の調査のほかに，利活用を考慮した事例調査が行われる。また，評価段階では，歴史的な側面はもとより，工学的にどのような保存が可能か，社会的にどのような利活用が望まれているのかが前提とされ，調査段階で収集した資料などと併せて保存の可否が判断されることとなる。そして保存が決定した構造物については，保存・活用のための具体的な検討が行われ，保存形態や活用方法を決める。保存・活用にあたっては，一連の作業を進めるための企画力が要求されるが，ここでは単なる利活用の提案だけではなく，長期的視野に立った保存・管理体制の確立，ネットワークやインストラクターの支援・育成を図ることが重要である。

7.3.3　碓氷峠鉄道構造物群の保存・活用

ここでは，文化財としての鉄道構造物の保存に先鞭をつけた碓氷峠鉄道構造物群をとりあげ，その沿革と保存・活用について紹介してみたい。

(1) 碓氷峠鉄道構造物群の沿革

旧信越本線横川～軽井沢間は，群馬県と長野県の県境を隔てる碓氷峠に位置し，中山道の昔から難所のひとつに数えられていた。碓氷峠をはさんだ横川～軽井沢間は水平距離で約11kmであるが，標高差は約550mに達し，そのルートをめぐって現地踏査や比較路線の検討が繰り返された。そして，ドイツの山岳鉄道で用いられていたアプト式（歯車の噛み合わせによって急勾配を登る鉄道で，アプト式とも称する）鉄道が採用され，国有鉄道としては最急勾配である66.7‰を用いて一気に登攀することとした。また，それまでの鉄道はほとんどが平野部に敷設されていたが，碓氷峠はわが国最初の本格的な山岳路線として，26カ所のトンネルと18カ所の橋梁，21カ所のカルバートが建設された。とくに橋梁は，急勾配におけるレールの匍進（ふくしん）（列車の制動などによってレールが縦方向にずれる現象）によ

る鉄桁の縦移動が懸念されたため，煉瓦アーチ橋が採用された。工事は，1891（明治24）年5月に開始され，1893（明治26）年4月に開業した。

その後，1894（明治27）年～1897（明治30）年にかけて，耐震補強と列車荷重の増加に備えて一部のアーチ橋で内巻補強が行われたため，径間がやや短くなった。また，当初は蒸気機関車により運転していたが，トンネル内の煤煙対策として1912（明治45）年に電化され，横川の霧積川べりに火力発電所を建設し，丸山（横川）と矢ヶ崎（軽井沢）には煉瓦造の変電所が設けられた。さらに1920（大正9）年と1924（大正13）年には，輸送力増強のために熊ノ平信号所の拡張工事が段階的に実施され，突っ込み線と呼ばれる待避用のトンネルが設けられた。

戦後になるとこの区間の複線化工事が実施されることとなり，横川～熊ノ平間の大半は別線で，熊ノ平～軽井沢間は旧線の構造物を改築し，同時にアブト式から一般の粘着式運転に改良された。改良工事は1961（昭和36）年～1968（昭和43）年にかけて行われたが，その結果，別線に付け替えられた区間には開業当時の構造物がほぼそのままの姿で残ることとなった。しかし，複線化された路線も1997（平成9）年の長野新幹線開業によって廃止となり，現在にいたっている。

(2) 保存の経緯

碓氷峠鉄道施設の保存は，1989（平成元）年，地元の国鉄OBを中心として「めがね橋を保存する会」が結成され，鉄道遺産の保存を求めた陳情書を松井田町に提出したことに端を発している。ほぼ同じ頃には，新幹線の開業と同時に並行在来線を廃止する方針が国から発表されたため，危機感を抱いた群馬県と松井田町では地域振興策を検討するため信越本線横川駅周辺鉄道文化財調査委員会（高階勇輔委員長）を設置し，その成果を『信越本線横川駅周辺鉄道文化財調査報告書』[33]としてまとめた。一方，群馬県では，1990（平成2）年～1991（平成3）年にかけて文化庁の補助事業によって近代化遺産調査を実施し，その中でこれらの構造物群を国指定の文化財とする方向が示された。そして，トンネルおよび橋梁の所有者である国鉄清算事業団と，変電所の所有者である東日本旅客鉄道と折衝を行い，1993（平成5）年12月に松井田町へ無償譲渡された。また，これより先の同年8月17日付・文部省告示第107号で，「碓氷峠鉄道施設」として「煉瓦アーチ橋5基」が国の重要文化財に指定され，さらに翌年12月27日付・文部省告示第152号で「トンネル10箇所」と「変電所2棟，廃線跡の雑種地および山林」が追加指定された。

松井田町では，これらの文化財の保存・活用方法を検討するため，1994（平成6）年に土木学会へその調査を委託し，土木学会では土木史研究委員会に「碓氷

峠旧線鉄道構造物調査小委員会」(田島二郎委員長)を設置して1996 (平成8) 年に報告書をまとめた。この委員会では，構造物の技術史的価値や実態の把握，健全度の調査を実施し，調査結果に基づいて保存・修理方法や利活用案がまとめられた[34]。このうち，利活用計画については，1996 (平成8) 年に建設省がスタートさせたウォーキング・トレイル事業の補助を受け，遊歩道として整備されることとなった。松井田町では，遊歩道の利用を前提とした具体的検討を進めるため，1996 (平成8) 年に「碓氷峠鉄道施設保存管理計画策定委員会」(小西純一委員長)と「碓氷ルネサンス・トレイル整備計画検討委員会」(窪田陽一委員長)を設置し，前者では施設の保守管理方法が，後者では施設の活用方法がそれぞれ検討された。

こうした委員会での検討を経て，1996 (平成8) 年～2000 (平成12) 年にかけて総事業費6億円で横川駅から碓氷第三橋梁までの全長約4.7kmにおよぶ「アプトの道」が整備された。またこの事業以外にも，旧横川機関区跡地を利用して「碓氷鉄道文化むら」が開設され，碓氷峠の歴史を解説した展示館や，全国各地から集められた歴史的な鉄道車両が展示されたほか，一部の区間ではかつて碓氷峠で活躍した電気機関車の体験運転が行われたり，ミニSLが運転されるなど，アミューズメントパーク的な場として整備された。さらに，「碓氷鉄道文化むら」と「アプトの道」をつなぐアプローチ部分に農林水産省の補助を受けた交流館，温浴施設，貸コテージ，貸農園が新設され，碓氷湖や旧坂本宿など周辺の観光スポットとの周遊性を重視した利活用が行われている[35]。

(3) 利活用のための保存工事

「アプトの道」の整備にあたっては，トンネル内の照明や防犯対策，アーチ橋に対する高欄の新設，旧丸山変電所建物の耐震補強などが行われたほか，煉瓦構造物に対しては，変状調査の結果に基づき，とくに変状が著しい部分について下記のような保存工事が行われた。

①トンネルの保存工事

トンネルについては，旧碓氷第二号トンネルの入口付近に輪切り状のクラックと天端の縦断面方向に発達する開口クラックが認められ，断面測定の結果，天端の垂下と側壁幅の拡大が確認された。これは，鉛直方向の荷重が増大したことによる変形と推定され，歩行者の安全とトンネルの機能に影響をおよぼす可能性があると判断したため，図7.4，写真7.4に示すようなH鋼によるセントル補強と鋼繊維吹付けコンクリート (SFRC) による内巻を併用した補強工事を実施した[36]。なお，鋼繊維吹付けコンクリートは，煉瓦の剥落による事故が

煉瓦覆工 — 鋼繊維吹付けコンクリート t＝250

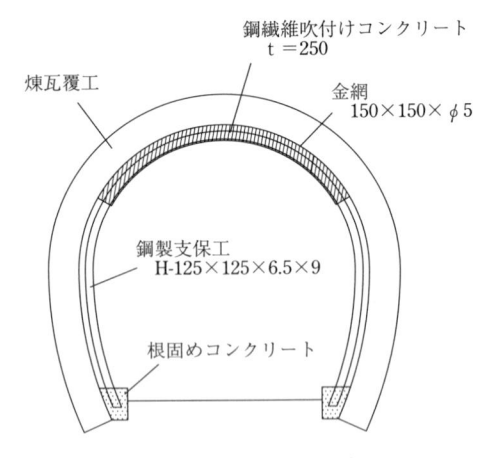

金網 150×150×φ5

鋼製支保工 H-125×125×6.5×9

根固めコンクリート

図7.4　トンネルの補強方法

写真7.4　H鋼と鋼繊維吹付けコンクリートによる補強

写真7.5　導水樋の設置

懸念されるアーチ部のみに施工することとした。このほかのトンネルについては，煉瓦の目地やせ・剥離部分に対する無機系材料の注入，写真7.5に示す漏水箇所への導水樋の設置などが行われた。また，碓氷第四号トンネルなどの一部の側壁に見られた煉瓦の剥落箇所は，煉瓦の積み直しやコンクリート材料による断面修復が行われた。

② アーチ橋の保存工事

アーチ橋については，旧碓氷第三橋梁のうち第4径間のアーチ部分に最大幅10mm程度の輪切り状の開口クラックが認められ，滲水の発生が観察された。このクラックは，深さによってはアーチ橋の構造そのものにも影響をおよぼすことが懸念されたため，アーチ背面まで貫通しているかどうかを確かめることとし，路盤から調査ピットを掘削した。その結果，クラックは内巻補強のアーチで止まっていることが確認され，オリジナルのアーチ構造には変状が認められなかった。また，このクラック自体の成因も列車荷重や沈下などの外力によるものではなく，滲水による凍結融解によるものと推定されたため，注入剤による止水を行うこととなり，写真7.6に示すように無機系注入材の充填による補修工事を実施した[37]。また，高欄の高さが低い箇所については，写真7.7に示すように高さ1.2mの高欄を新設して歩行者の安全を確保した。

③ 旧丸山変電所の保存工事

旧丸山変電所の利活用方法については，「アプトの道」の整備時点で決定していなかったため，当面は文化財を保全する上で必要な補強・補修工事と外観の復元整備工事を実施することとした。構造補強としては，壁体内面の上部に鉄骨を添接して4面の壁体を一体化させ，4隅にストラットを設けた。とくに，構造上の弱点となる正面側の開口部に対して写真7.8に示すような鉄骨によるバットレス補強を行い，地中梁を設けて対面する壁体を一体化させた。また，高さのある妻壁に対しては樹脂鉄筋を上部から挿入し，壁体の強度を高めた。このほか，クラックの発生部分に対する無機系注入材の充填，煉瓦の積み直し，小屋組の塗装などの補修や，屋根，建具，調度の復元などの工事が実施された。

7.4 まとめ

わが国における近代工業社会の歴史はまだ130年余に過ぎない。その先兵として一時代を築いた煉瓦はわずか半世紀足らずで過去の材料となり，それとともに

写真7.6 無機系材料の注入によるクラックの充填

写真7.7 新設された高欄

多くの技法が忘れ去られてしまった。一度失われた技術を再び甦らせることは困難であり，図面や数値として残すことのできない経験則が数多く用いられていたであろう煉瓦構造物についてはなおさらである。しかし，今なお数多くの煉瓦構造物を保守管理している鉄道では，列車の安全な運行を確保するうえで構造物の検査・補強・補修を的確に行う必要があり，その性質や特徴を把握しておくことは重要である。

本章で述べたように，煉瓦構造物の保存に対する考え方は，供用中の構造物と文化財としての構造物では大きく異なる。前者は列車の安全な走行が最優先されるため，所定の強度や機能を回復することが重視されるが，後者は文化財としての価値を損ねないことが重視される。また，文化財は保存すること自体に意義があるため，基本的に永久に存在し続けることを念頭に補修・補強が行われるが，供用中の構造物は，場合によっては撤去して別の構造物に置き換えられる場合が

写真7.8 鉄骨による補強

ある。こうした前提条件の違いにより，それぞれの設計の考え方や施工方法も異なるが，煉瓦構造物の保存に対する技術的蓄積が必ずしも十分でない現状では，相互の事例を参考にしながらより現場にふさわしい保存技術を適用する必要があろう。

ことに，近年の近代化遺産の保存では，利活用を行いながら保存するという新しい概念が取り入れられ，供用中の構造物としての保存と，歴史的構造物としての保存の両立が求められている。したがって，供用中の構造物といえども，歴史的価値のある構造物であるという認識のもとで保存する姿勢が求められ，歴史的構造物といえども，耐震性や安全性を含めた補強・補修技術が必要とされる。両者のノウハウはこれまで，個別に発展を遂げてきたが，煉瓦構造物の文化財的価値が高まるにつれて，表裏一体の技術として融合すべき時期を迎えつつある。

すでに，諸外国では煉瓦の保存技術や[38]，景観工学的観点から煉瓦造を見直した文献がいくつか出版されており[39]，その技術的な蓄積も豊富である。今後は，近代化遺産の利活用を通じて，こうした保存技術の体系化と確立を目指す必要があると考えられる。

[第7章 註]
1) 構造物全体に占める煉瓦構造物の割合について，1965（昭和40）年度末における調査結果では，橋梁下部構造13.8万基のうち29％が煉瓦または石積み，トンネル総延長1,060kmのうち28％が煉瓦または石積みであるとしているので（『建造物の概要』日本国有鉄道施設局土木課（1967）），この時点では3分の1弱が煉瓦または石積みであった。その後の調査例では，1994（平成6）年に調査した鉄道トンネルの統計があり（Asakura, T., Kojima, Y., Onoda, S., Shiroma, H., Suzuki, I., "Maintenance of Tunnels", *Modern Tunneling Science and Technology*, VolumeⅡ, Balkema Publishers, 2001, p.1139参照），総延長の約14％（約300km）が煉瓦，石積み，コンクリートブロックなどの組積造であったと報告しているので，少なくとも10％前後の構造物は今も煉瓦造であると考えられる
2) 小野田滋「阪神間・京阪間鉄道における煉瓦・石積み構造物とその特徴」『土木史研究』No.20, 2000, pp.270～272による
3) 野澤房敬「鉄道ノ保線」『工学会誌』No.204, 1899, p.8
4) 奥平清貞『隧道修繕工事』京都帝国大学土木工学科卒業論文, No.13, 1903（京都大学工学部土木工学科所蔵）
5) 長屋修吉「煉瓦の風化物に就て」『大日本窯業協会雑誌』No.306, 1918参照
6) 那波光雄「関西線揖斐川橋台及橋脚の建設と其後の状態に就て」『業務研究資料』Vol.8, No.8, 1920
7) 関東大震災の被害は，『国有鉄道震災誌』鉄道省, 1927，『大正十二年鉄道震害調査書』鉄道省, 1927，『大正十二年鉄道震害調査書——補遺——』鉄道省, 1927にまとめられたが，いずれも路線別，構造物別に考察されており，材料に注目して被害の状況に言及した記述はない

8) 『土木建造物の取替標準に関する研究報告書』土木学会，1974参照
9) 『レンガ・石積み・無筋コンクリート構造物の補修，補強の手引き』日本国有鉄道，1987。巻末に戦後から1987（昭和62）年までの間，日本国有鉄道で実施された煉瓦構造物の試験結果等がレビューされている
10) 1987（昭和62）年3月2日付・運輸省令第15号「鉄道運転規則」第18条では，橋梁，トンネルその他の構造物は2年を超えない期間ごとに定期検査を行うよう定めている。なお，鉄道構造物の維持管理に関する考え方は，2005（平成17）年を目途に見直し作業が進められており，検査の考え方や判定方法を含めて改定される予定である
11) 『建造物保守管理の標準・同解説——コンクリート構造——』日本国有鉄道施設局土木課，1987, pp.58～63による
12) 例えば，小野田滋，菊池保孝，松下英教，小寺信行，谷黒亘「トンネル検査におけるスリットカメラの適用とその考察」『トンネル工学研究発表会論文・報告集』No.1，1991など
13) 前掲9）参照
14) Hasuda, T., Katsumata, H., Kanou, A., Ishibashi, T., Eto, H., Kunihiro, H., "Seismic Capacity and Retrofit of Existing Brick Masonry Building", *IABSE symposium*, Rome, 1993参照
15) 数値解析については，菅野貴浩，木野淳一，小林敬一，荻原郁夫，古谷時春「東京レンガ高架橋の不等沈下の影響および耐震性能に関する数値解析について」『ＳＥＤ』No.27, 2001，模型実験については，岡野法之，津野究，小島芳之，朝倉俊弘「ブロック積み覆工トンネルに関する実験的研究」『トンネル工学研究論文・報告集』No.12, 2002などの報告例がある
16) 例えばSowden, A.M., *The Maintenance of Brick and Stone Masonry Structures*, E. & F.N.Spon, 1990など
17) 矢野寛治「建築煉瓦に就て」『大日本窯業協会雑誌』No.381, 1924, p.391には，「比較的新らしい高架鉄道線路敷地の煉瓦造りが完全なる好例は，時代を問はず充分なる努力が完全なる結果を招く可き事を確実に立証したものと見て差支へないと信じます」といった記述が見られる
18) 渋谷順作「東京・新橋間外濠添高架橋補強工事に就て」『第8回改良講演会記録』鉄道省工務局，1937参照
19) 水谷正吾「有楽町，新橋間高架橋補強工事注入コンクリート施工について」『東工』Vol.7, No.1, 1956参照
20) 岡田宏「第一及び第四有楽町橋下横断地下鉄道建設工事について」『第9回停車場技術講演会記録』日本国有鉄道建設局，1958参照
21) 『東海道線線増工事誌（東京・品川間）』日本国有鉄道東京第一工事局，1977参照
22) 斉藤哲夫「東京レンガアーチ高架橋耐震補強工事の設計と施工」『日本鉄道施設協会誌』Vol.41, No.4, 2003参照
23) 片寄紀雄，明智敏明，小野博文「東京高架橋のリニューアル計画——レンガ高架橋の景観回復——」『日本鉄道施設協会誌』Vol.28, No.11, 1990参照
24) 日本建築学会明治建築小委員会「全国明治洋風建築リスト」『建築雑誌』No.1018, 1970
25) 日本建築学会編『日本近代建築総覧』技法堂出版，1980

26) 馬場俊介『近代土木遺産調査報告書——愛知・岐阜・三重・静岡・長野——』私家版，1994参照
27) 『日本の近代土木遺産——現存する重要な土木構造物2000選——』土木学会，2001
28) 北河大次郎「鉄道施設の文化財保護の現状」『日本鉄道施設協会誌』Vol.40, No.8, 2002参照
29) 例えば，須田寛『産業観光——観光の新分野——』交通新聞社，1999など
30) ヘリテージ・ツーリズム（歴史回帰観光）は，エコ・ツーリズム（自然体験型観光），フォーク・ツーリズム（民俗文化観光）などとともに提唱されている新たな観光形態のひとつ
31) 例えば，朽津信明，早川典子「文化財の保存を目的とした煉瓦の樹脂処理効果に関する研究」『保存科学』No.40，2001など
32) 矢谷明也『歴史的環境における煉瓦建造物の保存・保全に関する研究』芝浦工業大学学位請求論文，1998
33) 『信越本線横川駅周辺鉄道文化財調査報告書』群馬県高崎財務事務所地域振興室，1990
34) 田島二郎，小西純一，小野田滋，金谷宏二「碓氷峠旧線鉄道構造物の現況について」『土木史研究』No.16，1996参照
35) 萩原豊彦「鉄道産業遺産の再生・活用とインストラクターとの共生」『土木学会誌』Vol.85, No.6, 2000参照
36) 三浦康代，内田武夫，脇坂高光「碓氷峠レンガ造トンネル群における調査・補修方法」『土木学会第28回関東支部技術研究発表会講演概要集』 2001参照
37) 三浦康代，内田武夫，脇坂高光「碓氷峠めがね橋における劣化調査・補修方法」『土木学会第56回年次学術講演会』 2001参照
38) 例えば，Warren, J., *Conservation of Brick*, Butterworth Heinemann, 1999など
39) 例えば，Sovinski, R.W., *Brick in the Landscape*, Jhon Wiley & Sons, 1999など

おわりに ——煉瓦がもたらしたもの——

　本書では，鉄道用煉瓦構造物を対象として，様々な角度からこれを分析し，その歴史的過程と技術的特徴を明らかにした。これにより，これまで近代建築史の分野で研究が進められていた構造物別の組積法の適用条件，煉瓦の寸法の分類，煉瓦の衰退過程などが明らかとなり，近代建築と異なる土木構造物固有の特徴が浮き彫りにされた。本書で明らかにされた知見は，煉瓦造の土木構造物を調査するうえで，また評価，保存，復元，あるいは煉瓦をモチーフとした景観設計を行ううえで，その指標となり得るものと考える。

　煉瓦がわが国にもたらしたものは，単に耐久性・耐火性に優れた土木・建築材料を西洋から導入したというだけにはとどまらない。煉瓦の存在は，西洋文明によってもたらされた新技術に対する受容姿勢や，それをどのようにして咀嚼したかという点でも，極めて興味深いいくつかの知見を含んでいる。世界の四大文明と称される地には少なからず煉瓦の原型とも言うべき人工の土木・建築材料が存在していたが，これに対して日本では瓦を除けばほとんどが木，土，石材といった自然材料でまかなわれていたため，西洋文明とともにもたらされた煉瓦は，わが国にとって全く未知の材料であった。しかし，私たちの先人は，外国人技師の指導を仰ぎながら国産化の体制を整え，煉瓦はごく短期間のうちに主要な土木・建築材料としての地位を獲得するにいたった。ことに鉄道土木分野では，（一部で木材が使われたものの）煉瓦，石材，鉄によって土木構造物を造ることが早くから基本となり，当時の人々はこれらのほとんど未経験だった材料と格闘を繰り返しながら，自家薬籠中のものとしたのである。その背景としては，陶器や瓦など伝統的な窯業技術がわが国に存在していたこと，また施工上も左官や石工などの優れた職人技術を活かすことができたこと，当時の指導者が西洋技術の国産化に熱心に取り組んだことなど，さまざまな要因が重なったためと考えられる。

　煉瓦はまた，数万～数十万個といった単位で取引が行われた工業製品であり，マスプロ工業社会の先駆けでもあった。良質の煉瓦をいかに安い値段で安定して供給するかという課題は，今日における経営工学の原点とも言うべき問題でもあり，品質管理，工程管理などといった概念を現場にもたらす契機となった。ことに，**第1章**で明らかにした煉瓦の規格化という点では，煉瓦を通じて生産者側に

品質管理の重要性や製造責任といった概念が生じ，消費者側でもこれを受領する際の品質検査をいかに厳格かつ適正に行うかという点に腐心することとなった。また，施工の段階でも，目地の配合や積み方の手順などを細かく示方することによって，全国のどの現場でも一律な技術水準が保てるような管理がなされた。ことに，鉄道のように全国規模で事業を展開した組織では，技術力の維持・向上といった観点からも，技術基準の存在は大きな役割を果たしていたものと考えられる。そして，こうした考え方の浸透は，煉瓦の次の世代を担うこととなるコンクリート材料——それは煉瓦以上に厳しい品質・施工管理を必要とした——を受容するうえで，その技術的な準備をなしたと言えるであろう。

このようにして，明治維新とともにわが国に導入された煉瓦は，文明開化の象徴的存在となった。ことに赤煉瓦によってもたらされた"赤"という色彩は，人々に鮮烈な印象を与えたであろうことは想像にかたくない。また，煉瓦構造物の持つマッシブな存在感は，権威や権力の象徴としても申し分のないものであっただろう。しかし，その後のコンクリート材料の普及によって煉瓦は衰退し，むしろ現在では過去の遺物として懐古趣味的な視点で捉えられることが多い。かつて，時代の最先端の景観を演出した煉瓦が，どのような過程を経て古典的デザインの代名詞へと読み替えられたのかは興味深い課題である。

土木材料としての煉瓦は，すでに過去の材料となってしまったが，鉄道分野においても東京駅やその周辺の煉瓦高架橋群といった構造物は，周囲により大きな建物が林立する今日にあってなお存在感を保ち続けている。そして，その象徴性は全く失われていないどころか，むしろ過去と現在とを結ぶ地域のランドマークとして，より存在価値が高まっていると称しても過言ではない。もちろん，大規模な構造物ばかりではなく，本書で扱った煉瓦アーチ橋のいくつかは，地元で"まんぽ""まんぼう""あなもん"などと呼ばれて親しまれており，日々の生活路として地域の身近な存在となっているのである。そうした意味で，近代化遺産とはまさに先人たちが私たちに遺してくれたかけがえのない財産であり，その保存・活用を通じてさらに後世へと伝えることが，私たちに課せられた使命であると言えよう。

煉瓦が渡来して150年，鉄道が開業して130年，ともによくぞ頑張って日本の近代化を支えてくれた。煉瓦構造物を築き，守り続けてきた多くの先人たちに感謝し，本書の結びとしたい。

図版出典一覧

写真1.1　『日本鉄道史（上篇）』鉄道省，1921より転載
図1.1　Potter, W.F., "Railway work in Japan", *Min. of Proc. of I.C.E.*, Vol.56, Sect.Ⅱ, 1878〜1879, Fig.3より転載
図1.2　『福嶋米沢間鉄道工事并附近之勝景』高野精一発行，1897，第13図より転載（福島県立図書館所蔵）
図1.3　『福嶋米沢間鉄道工事并附近之勝景』高野精一発行，1897，第24図より転載（福島県立図書館所蔵）
写真1.2　『高架鉄道（東京駅附近）』絵葉書（筆者所蔵）
表2.4　坂岡末太郎『最新鉄道工学講義・第二巻』裳書房，1912，p.393に基づき筆者作成
写真3.19　『東海道線大津京都間線路変更工事竣工記念』稲葉合資会社，1921より転載
図3.4　『例規類纂』鉄道作業局建設部，1900，pp.64〜65より転載
図3.6　内田録雄『鉄道工事設計参考図面・第壱回（橋梁之部）』共益商社書店，1897，第10図より転載
図4.3　Cully, J.L., *Treatise on the Theory of the Construction of Hericoidal Oblique Arches*, D.Van Nostrand, 1886, Fig.1より転載
図4.4　鶴見一之，草間偉『土木施工法（訂正第八版）』丸善，1922，第159図より転載
図6.1　那波光雄「鉄道院佐伯線外二線に於ける混凝土の応用」『工学会誌』No.373, 1914，第6図より転載
図6.3　平沢喜一「中央本線浅川・与瀬間横吹第一ずい道」『第22回土木工事施工研究会記録』日本国有鉄道施設局，1954，第20図，第21図より転載
図6.4　内山實ほか『道路・隧道・地下鉄道・擁壁』アルス，1938，図11より転載
図6.5　『市街高架線東京萬世橋間建設紀要』鉄道省東京改良事務所，1920，付図より転載
図6.6　阿部美樹志『鉄筋混凝土工学（訂正増補第七版）全』丸善，1920，第196図より転載
図6.7　『市街高架線東京萬世橋間建設紀要』鉄道省東京改良事務所，1920，第15図より転載
写真6.12　竹田辰男氏所蔵
表7.3　『建造物保守管理の標準・同解説——コンクリート構造——』日本国有鉄道施設局土木課，1987, pp.58〜63より転載
図7.1　渋谷順作「東京・新橋間外濠添高架橋補強工事に就て」『第八回改良講演会記録』鉄道省工務局，1937，図7より転載
図7.2　『東海道線線増工事誌（東京・品川間）』日本国有鉄道東京第一工事局，1977，図4-4-(6)-15より転載

索　引

あ
アーチ橋　　57, 91
阿部美樹志　　183, 187
粗迫持　　65
アンネビック　　171

い
イギリス積み　　51, 60
異形煉瓦　　41, 62
伊藤鏗太郎　　119
井上勝　　26, 110, 162

う
ウェル　　41

え
江戸切　　158
円弧形煉瓦　　62

お
往復積み　　157
大河戸宗治　　185
大熊喜邦　　35
大阪鉄道　　118
大島盈株　　22, 24, 166
大高庄右衛門　　42
岡田竹五郎　　200
奥平清貞　　195
オナマ　　40
帯石　　86, 94
オランダ積み　　51, 60, 61

か
カーギル（Cargill, William Walter）　　23
笠石　　70, 85, 94
要石　　86, 94
壁柱　　84, 93
唐津鉄道　　140
空積み　　158
雁木　　70

函渠用鉄筋混凝土蓋並混凝土側壁標準　　173
関西鉄道　　28, 118, 153
関東大震災　　179

き
九州鉄道　　131
九州電気軌道　　119
橋脚　　101, 105
橋台　　101, 103
京都鉄道　　119
橋梁下部構造　　58, 100
切石積み　　155
キング（King, George）　　23, 149
キンダー（Kinder, Claude William）　　24
近代化遺産　　203

く
草間偉　　120, 123, 142
久保栄　　28
久保兵太郎　　28

け
化粧迫持　　66
化粧煉瓦　　183, 187
下駄っ歯　　130
欠円　　92
健全度判定区分　　197
玄翁払い　　157

こ
高架鉄道用並形煉化石仕様書　　30
工技生養成所　　26, 128
鉱滓煉瓦　　181
坑門　　80
高野鉄道　　119
高欄　　97
刻印　　42
小口　　40
小口積み　　53, 58

小倉鉄道　　119, 140
小面　　64
こぶ出し　　158
混凝土拱橋標準　　172
コンクリートブロック　　176

さ
坂岡末太郎　　90
作業局形　　43, 47
山陽形　　43, 47
山陽新形　　43, 49

し
七五　　40, 51, 60
蛇腹　　70
社紋　　87
重力式橋台　　104
準鉄道記念物　　203
白石直治　　170
新永間市街線　　30, 57, 66, 199

す
ストラット　　202, 211
スパンドレル　　58, 92
スプリングライン　　57, 72, 121
隅石　　63

せ
整層切石積み　　155
盛煉社　　23
石造函暗渠　　160
セメント　　165
迫石　　86, 95
迫受石　　96
迫持　　65
セントル　　99, 201

そ
装飾帯　　70
組積造　　79

た
竪積み　　67
田邊朔郎　　89, 169
谷崎潤一郎　　114

谷積み　　156, 159
玉石練積み　　160
単心円　　92

つ
鶴見一之　　120, 123, 142

て
碇聯鉄構法　　165
鉄筋混凝土函渠標準　　173
鉄筋混凝土橋梁設計心得　　172
鉄道記念物　　203
鉄道版桁橋台及橋脚定規　　102, 105
鉄道鈑桁並輾圧工形桁橋台及橋脚標準
　　　　　　　　　　　　　　103, 105
デンティル　　70

と
ドイツ積み　　53
東京形　　30, 32, 33, 43, 47
東京郊外鉄道　　181
東京万世橋間市街線　　99, 183, 187
東福寺正雄　　179
登録有形文化財　　205
土工其ノ他工事示方書標準
　　　　　　　　　　33, 154, 158, 159, 174
土留壁　　58
土木建造物の取替標準　　196
トンネル　　57, 80

な
長手　　40
長手積み　　53
長屋修吉　　195
並形　　43, 49
並形煉化石仕様書並検査方法　　32
那波光雄　　35, 170, 195

に
二五分　　40
日本鉄道　　28
日本標準規格（JES）　　34, 35

ぬ
布積み　　155, 159

ね
ねじりまんぽ　*114*
練積み　*158*

の
濃尾地震　*30, 67*
野澤房敬　*195*
登り窯　*20*

は
パウナル（Pownall, Charles Assheton Whatly）　*68, 128*
長谷川謹介　*110, 169*
腹付盛土　*141*
パラペット　*87, 97*
バルツァー（Baltzer, Frantz）　*200*
ハルデス（Hardes, Hendrick）　*20*
阪神急行電鉄　*187*
半桝　*40*
半羊羹　*40*

ひ
菱角　*62*
平　*40*
ビリケン拱　*172*

ふ
吹付けモルタル　*176*
プラットホーム　*59*
ブラフ積み　*148*
フランス積み　*52, 58, 61, 68*
ブラントン（Brunton, Richard Henry）　*26*

へ
ペトルソン（Peterson, Hans）　*23, 149*
扁額　*87, 99*

ほ
ボイル（Boyle, Richard Vicars）　*23, 149*
防火床構造　*165*
豊州鉄道　*132, 152*
北越鉄道　*119*
北勢鉄道　*119*
北海道炭礦鉄道　*28*

ポッター（Potter, William Furnice）　*25, 162, 167*
ホフマン式輪窯　*20*
ポルトランド，セメント試験方法　*172*
本間英一郎　*128*

ま
巻厚　*66*
真島健三郎　*170*
丸角　*64*
まんぽ　*114*

み
水垂　*85*

め
メダリオン　*99*

も
毛利重輔　*119*
持送り積み　*72, 86*

や
矢筈積み　*74*
槍角　*62*

よ
羊羹　*40, 51, 60*
翼付橋台　*104*
横面　*64*

ら
ランキン（Rankine, William John Macquorn）　*119*
乱積み　*157*

れ
煉瓦積み　*155*

わ
ワグネル（Wagener, Gottfried）　*20*
渡邊信四郎　*124*
渡辺節　*171*

謝辞

　本書は，1998（平成10）年に筆者が東京大学へ提出した学位請求論文「わが国における鉄道用煉瓦構造物の技術史的研究」をベースとして，3分の2程度に書き改めたものです。主査を務められた東京大学・篠原修先生をはじめ，藤森照信先生，家田仁先生，天野光一先生（現・日本大学），清水英範先生には，心より御礼申し上げます。また，構造物の調査にあたっては，各鉄道事業者をはじめ多くの方々にご協力をいただきました。とりわけ筆者がかつて在籍し，実際に煉瓦構造物の保守管理にあたった西日本旅客鉄道の関係各位，ならびに本研究のきっかけを与えていただいた西野保行氏（元・東京都交通局理事）には心より感謝の意を表する次第です。なお，『景観学研究叢書』の監修者である中村良夫先生（東京工業大学名誉教授），篠原修先生から本書の出版を慫慂されてから相当の年月を要してしまいましたが，この間，土木学会などにおける近代化遺産研究のめざましい発展や，鉄道分野における煉瓦の物理的性質に関する研究の進展など，筆者がこの研究に携わっていた当時は相当先のできごとと考えていたことが，次々と実現しつつあることを実感しています。わずか数年とは言え感慨無量のものがありますが，本書がこうした煉瓦構造物の研究や保存にいささかなりとも寄与できれば幸いです。

　2004年7月

　　　　　　　　　　　　　　　　　　　　　　　　　　　　　　　小野田　滋

著者略歴

小野田　滋（おのだ しげる）

1957年兵庫県西宮市生まれ
日本大学文理学部応用地学科卒業
日本国有鉄道，鉄道総合技術研究所，西日本旅客鉄道，海外鉄道技術協力協会などを経て現在，鉄道総合技術研究所情報・国際部
博士（工学）

主な著書

建物の見方・しらべ方——近代産業遺産，ぎょうせい，1998（分担執筆）
鉄道工学，森北出版，2000（共著）
国土を創った土木技術者たち，鹿島出版会，2000（分担執筆）
鉄道土木構造物の耐久性，山海堂，2002（分担執筆）
鉄道構造物探見，JTB，2003〔第29回交通図書賞〕

主な論文

わが国における鉄道用煉瓦構造物の技術史的研究，鉄道総研報告，特別第27号，1998
総武鉄道高架延長線計画の沿革に関する研究，土木計画学研究・論文集，第18巻，2001
阿部美樹志とわが国における黎明期の鉄道高架橋，土木史研究，第21号，2001

監修者

中村良夫（なかむら よしお）
東京工業大学名誉教授

篠原　修（しのはら おさむ）
東京大学大学院工学系研究科社会基盤工学専攻教授

景観学研究叢書
鉄道と煉瓦　その歴史とデザイン

2004年8月25日　発行Ⓒ

監修者　中村良夫・篠原 修

著　者　小野田 滋

発行者　鹿島 光一

発行所　鹿島出版会

107-8345　東京都港区赤坂6丁目5番13号
Tel.03（5561）2550　振替 00160-2-180883
無断転載を禁じます。
落丁・乱丁本はお取替えいたします。

開成堂印刷（DTP）・半七写真印刷工業・富士製本
ISBN-4-306-07704-7　C3352　　Printed in Japan

本書の内容に関するご意見・ご感想は下記までお寄せください。
URL：http://www.kajima-publishing.co.jp
E-mail：info@kajima-publishing.co.jp